风景园林设计与理论译丛

变化的景观

——创新性设计和场地再生

[美] 罗茜·托伦　著
刘晓明　张司晗　刘健鹏　译

中国建筑工业出版社

著作权合同登记图字：01-2017-7207号

图书在版编目（CIP）数据

变化的景观：创新性设计和场地再生 /（美）罗茜 · 托伦著；刘晓明，张司晗，刘健鹏译. — 北京：中国建筑工业出版社，2017.3

（风景园林设计与理论译丛）

ISBN 978-7-112-21898-1

Ⅰ. ①变… Ⅱ. ①罗…②刘…③张…④刘… Ⅲ. ①园林设计 — 景观设计 Ⅳ. ① TU986.2

中国版本图书馆CIP数据核字（2018）第040561号

Landscapes of Change / Innovative Designs and Reinvented Sites / Roxi Thoren

责任编辑：戚琳琳　张鹏伟
责任校对：芦欣甜

风景园林设计与理论译丛
变化的景观
——创新性设计和场地再生
[美] 罗茜 · 托伦　著
刘晓明　张司晗　刘健鹏　译
*
中国建筑工业出版社出版、发行（北京海淀三里河路9号）
各地新华书店、建筑书店经销
北京京点图文设计有限公司制版
北京缤索印刷有限公司印刷
*
开本：880×1230毫米　1/16　印张：16¾　字数：253千字
2018年4月第一版　2018年4月第一次印刷
定价：138.00 元
ISBN 978-7-112-21898-1
（31107）

献给 Jamie, Ellie and Jeb

景观如书一样可被阅读——但不能仅以阅读为目的。

——皮尔斯·路易斯（Peirce Lewis）

目　录

前　言

永久的社会印记

纽约皇后区的1号公共农场：近几十年来，城市农场是风景园林师关注的物质性和概念性场地之一

近几十年来，风景园林的创新性日益凸显。风景园林师探索各种材料，从原场地内的再生材料到组分复杂的高科技材料。综合性项目是建筑、艺术、工程、生态等多学科的融合。风景园林师不断扩展他们的形式语言，将不同领域的实践经验转化为景观。新的设计方式也随之出现，如基于社区的设计、自筹资金的项目、自产材料的项目等新模式。大多数情况下，这些革新来源于设计场地本身。本书为理解和评论当代风景园林设计实践提供了框架，这个框架基于物质性、生态性、社会性的项目以及风景园林师在

定义和表达这些基址时使用的策略。

风景园林设计的环境不断变化，一些变化来自专业本身，设计师不断探索新材料，为学科寻求理论支撑，崇尚"为改变世界而思考和行动"，从复杂的跨学科项目中寻求挑战和机遇。然而，大部分设计环境的变化来自社会、经济、气候条件以及价值观念等外部因素的改变。城市扩张（2008年，世界上居住在城市中心区的人口首次超过一半）、城市衰退（如底特律）、人口增长、全球产业重组等因素影响着当代风景园林设计。这些变化使得城市需重建具有环保、生态、社会功能的公园、道路、广场。同时，全球气候变化使得对于能应对暴雨、洪水、干旱的弹性景观的需求量增加。

城市居民需要新的开放空间形式，与自然建立新的关系。同时，基础设施和产业的变化使得新型公园及其他开放空间应运而生。如今，工业远离市中心，居民希望公路、铁路能加强城市间的联系，而不是割裂城市或仅仅作为基础设施。环保成为考虑的首要因素，城市居民对本地食品选择的需求也日益增加。这些因素使设计师重新发现和再创造多功能的城市场地。

风景园林学者和风景园林师顺应这些变化的环境条件做出了相应的设计。近几十年来，我们用"新的"、"景观的"、"基础设施的"、"生态的"、"综合的"、"脆弱的"、"充满机遇的"、"深远的"、"巧妙的"来形容城市化。众多设计理论也层出不穷——后福特主义理论、后工业理论、后现代理论。这些复杂术语深刻反映了近年来设计环境的变化，设计理论需要不断充实以顺应不断变化的、充满创新性的设计实践。

风景园林师使用的创新性手法可追溯到风景园林学科的根源，他们追求深刻而平静的设计。威尼斯和新奥尔良的发展得益于利用生态的、系统的城市选址。威尼斯坐落于河滨和海洋系统的交汇处，历史上，纵横交错的河道作为交通和排水设施、雨水收集点是城市的设计策略之一。新奥尔良坐落于两大交通要道——密西西比河和墨西哥湾的交汇处。很多城市为土地拥有者提供交通信息和区域的生态横断面。这种设计模式贯穿于19世纪，阿尔方德（Alphand）和奥姆斯特德（Olmsted）的技术及基础设施设计

即运用此模式。当代基础设施工程运用不同的技术，但仍然体现了相似的创造力。

每一个风景园林设计作品都是独一无二的。风景园林师在设计过程中定义了两种场地——物质的和精神的。风景园林学科经历了一个世纪的发展，风景园林师开始从场地本身寻求材料、技术、基础设施方面的创新的灵感。伊丽莎白·迈耶（Elizabeth Meyer）曾说过“建筑师或风景园林师在设计初期对场地的定义是一门艺术”。本书描述了当代风景园林师在实践中定义的场地类型，以及物质的或概念的场地在设计创新中扮演的角色。这些场地类型包括基础设施、后工业场地、植物型建筑、城市生态、城市农业等。本书为理解风景园林的最新发展趋势提供了批判性的、理论性的框架。

得克萨斯州休斯敦的布法罗湾（Buffalo Bayou）漫步道：公园集雨洪基础设施、休闲娱乐和生态修复于一体

本书主要介绍不同类型的场地及相应的设计策略。五种类型的场地属于风景园林师探索的更新场地，分为物质性的和概念性的场地。基础设施、后工业场地和植物型建筑属于物质性的或历史性的场地。农业属于概念性的场地，尽管农业实践也具有物质形式，但农业不是场地的物质性方面而是一种构想场地的方式，将食物、土壤、生产融入设计想法中。生态属于半物质性、半概念性的场地。通过地形学、地表和地下水运动以及生境结构的作用，

伦敦诺斯拉野地公园（Northala Fields Park）：最高的土丘是观赏伦敦天际线的绝佳位置

环境和生态系统的组成、结构、功能比其他系统在场地中更重要。与基础设施、工厂和建筑设计的明显的物质性相比，生态结构的物质性则容易被忽视。生态场地也有概念性的一面，反映了设计师对生态系统功能的需求。

除了后工业场地，其他场地类型是风景园林人工特质的复原。生态属于第一自然——没有被人类干扰的自然；农业和基础设施属于第二自然——人类改造后的自然。植物型建筑属于第三自然，如巴比伦空中花园和中世纪斯堪的纳维亚的草房子。景观的创新是追根溯源，景观演化进程的恢复，以及场地物质性和文化性特质的再挖掘。通过深入挖掘，风景园林师可以找到恢复景观生命力的途径。

本书介绍了来自12个国家的25个设计项目。面对五种场地带来的机遇和限制，这些项目在理解、评判、设计过程中使用了相应的策略。很多项目包含了多个场地类型。例如，皇后广场既是基础设施场地又是生态场地；野外收费站既是生态场地又是后工业场地。还有一个书中没有提到的场地类型：物质性场地。几乎所有的项目都在探索材料的生产、处理、再利用。皇后广场的混凝土和克罗克中心的沥青都是原有材料的再利用。废弃材料在场地之间互相流动，如诺斯拉野地公园和雅法垃圾填埋场公园。马可·波罗机场汽车公园的树木种在可移动的苗圃中。每个项目展现了相应类型场地的特点。这些项目展现了应对不同场地的设计策略。

本书介绍了每个项目的场地历史，因为场地是设计的前提。设计项目介入场地的自然、物质、生态、文化进程。设计中体现了创新性，如设计方面的创新（贝肯食物森林、富林斯恩花园），施工方面的创新（诺斯拉野地公园），施工后景观变化的创新（马可·波罗机场汽车公园）。

艺术评论家权美媛（Miwon Kwon）认为挖掘场地的隐喻意义可以让我们将场所与“相关特征”联系在一起。她说：“只有具有这种相关敏感性的文化实践才能将景观转化为不可磨灭的社会印记。”本书介绍的项目展现了风景园林的发展趋势，关注于遥远的场地，向当地的、明确的、偶然的、持续的设计发展——成为永不磨灭的社会印记。

MOVE-IN CREW

第 1 章

基础设施

风景园林是一门综合性的科学。在早期，种植、木材生产、水文工程、桥梁和道路都是风景园林师需要了解的领域。弗雷德里克·劳·奥姆斯特德（Frederick Law Olmsted）的设计项目——波士顿的后湾区沼泽（Back Bay Fens），将城市生活需求作为设计创新的来源。奥姆斯特德在1886年提到，沼泽的建设出于四方面考虑——卫生系统、交通、堤岸稳固以及“城市提升的总体方案”。这个现在被视作自然区域和公园的项目最初是作为卫生系统和交通基础设施设计的。

奥姆斯特德写道：

建筑师、工程师、卫生工程师、风景园林师有着各自的专业领域。但是在某些方面，各学科互相融合，如同一个主干学科的若干分支。工程杂志会刊登建筑平面图，建筑杂志会探讨桥梁和公园的排水系统。但是目前这些学科之间的合作还不够充分。

近130年之后的今天，我们面临着同样的挑战和机遇。城市产生于场地的更替——知识、材料、权力、人的更替。城市需要生命支撑系统的支持，如水、食物和荒地。生产、交换、消耗和废料组成的循环结构与人息息相关，隧道、道路、桥梁、运河、工厂、农场和废弃物填埋场等均具有这种结构。正如加里·斯权（Gary Strang）所说的，“机器在园林中不常见的原因是它们没有突出特征，是冷冰冰、错综复杂的。”城市基础设施是十分普遍的，20世纪，城市基础设施由工程师设计，从最重要的功能出发。现在，基础设施正在经历设计复兴：近年来的研讨会、书籍和主题刊物都在探讨这个话题。

这些生命支撑系统提供了新的设计场地和设计方法。场地的交通、交流、能量和食物生产、水和废物存储及处理有新的、创造性的处理方法。城市中的场地提供了新的生境和开放空间。分层的场地较为常见，劳伦斯·哈普林（Lawrence Halprin）设计的西雅图高速公路公园建于 1976 年，是城市基础设施景观化的早期案例。很多混合性场地，在同一范围内有技术性和社会性项目。景观与城市基础设施的结合为风景园林师带来了机遇和挑战，也将改变居民的生活。我们依赖的很多系统都是不可见的：打开水龙头后水自动流出，按下开关后电灯亮起。系统设计和资源利用之间的脱节导致了人们对不可见的系统的忽视 。

威尼斯马可波罗机场的新型停车场将最普通的城市空间视作具有物质、环境和社会潜力的场地，以及可以引导游客停车的美观的场地。该项目同时考虑了汽车尺寸和转弯半径的基本参数以及现状林地，两个系统的结合创造了贯穿整个大型停车场的色彩鲜明的蜿蜒小径，引导游客停车，并提供遮荫。项目还在机场扩大规模之前使用了可移动苗圃。树木移栽到开敞的草地上继续生长，发挥生态作用。树木可随时从苗圃中移走以满足建设需要，苗圃也可以随时移动以满足场地扩张的需要。

摩西桥项目关注其自身历史，并对有关基础设施的标准解决方案提出质疑。大桥跨越护城河，通向曾经作为荷兰水防御系统一部分的要塞之地。通过水闸的水可以使 2 万英亩的区域淹没，从而阻挡敌军的进攻。长期威胁荷兰的水成为防御性基础设施。桥也并非横跨护城河，而是切断水流，以保护要塞地区。这个项目对基础设施的基本定义提出了疑问：桥一定要跨越某样东西吗？桥一定要横过边界吗？

位于纽约的皇后广场项目将交通工程问题转化为社会性和生态性的场地问题。项目展现了城市交通基础设施如何转化为富有创造性的场地。这个新的广场和街道景观是纽约城市高性能基础设施项目之一，旨在展示交通基础设施也可发挥社会和生态功能。该项目收集、过滤雨水，在汇入东河之前提升其水质、提高雨水存储容量以减缓洪水。

在纽约的阿姆赫斯特，一个新型的太阳能系统为大学提供电力，同时提供交流场所、知识和栖息地。电力基础设施通常远离我们的视线，因为发电的场地通常是受污染的、危险的。因此，我们开灯时不会去想发电的代价。发电场地与校园充分结合，为学生提供了在全球化背景下理解决策的机会。与小径、景观空间的接触使太阳能新系统的参观者充分认识到能源的价值。

在墨西哥湾沿岸，加尔维斯顿海岸沿线的雨洪保护体系加强工作正在开展。城市相对稳定，但是自然系统不断地变化，塑造或摧毁着大地。在沿海地区，飓风来袭会使陆地短时间内被摧毁。一个关于新的星级国家滨海休闲区的提案将休闲和生态性景观作为防御暴雨的基础设施。除了水闸、堤坝和沟渠等坚固的基础设施，国家滨海休闲区还将采用奥姆斯特德式的解决方法，在防御洪水的同时也能让游客娱乐和观光。

这些项目表明景观可以和基础设施紧密结合。基础设施提供的复杂场地挑战着我们的创造性。本书介绍了很多这样的基础设施，如在其他章节提到的雅法垃圾填埋场公园和诺斯拉野地对建设过程中产生的废料的利用；以及西摩—卡比兰诺的水处理设施。这些项目展示了人与水、电力、防御这些可见系统之间的文化联系，同时使人能够充分认识到我们对那些隐形系统的依赖。

意大利威尼斯机场的绿色停车场，大树，渗透性铺装和图案化小路

意大利，梅斯特雷

设计：MADE 事务所（特雷维索，意大利）

建成于 2001 年

31 万平方英尺 /28800m²

1.1 马可·波罗机场汽车公园

停车场位于现存林地中。树木和小路具有明确的指向性，避免了很多停车场易使人迷失方向的问题

机场停车场通常与获奖无缘，因为它们尺度大、指向性不明显、贫瘠、在夏季极其炎热。2011 年意大利威尼斯马可波罗机场停车场的扩建工程打破了这种模式。该停车场地域特征突出，视觉美感性强，植物覆盖率高，具有生态性。该项目使机场停车场具有鲜明的场所特征，而不是连接家和目的地的普通过渡地带。

作为马可·波罗机场 20 年扩建和发展规划的一部分，MADE 事务所将机场北端的耕地、果园划入停车区域，将汽车公园融入更大的景观背景中。设计保留了现存大树以提供遮荫、加强场地认同。其他树木被移栽到可移动苗圃中，在阶段性的扩建中随时

与周边的停车场不同，新汽车公园保留了原场地大量的树木，这一简单举措具有诸多益处

使用。停车通道使用可渗透性材料，使树木能充分与空气、水分接触，且为树根生长提供足够空间。一条红色的富有生气的小路蜿蜒于汽车公园中，为游客提供明确指向。

停车是城市生活必不可少的一部分，美国城市 30% ~ 50% 的区域被沥青路面覆盖，停车场几乎不会被当作社会性、生态性的空间。大型停车场如机场和购物中心停车场往往缺乏指示性，游客亦迷失方向。马可波罗机场停车场设计中，设计师将不可见的空间作为集散和引导游客的场所、具有内在发展进程的景观。几何形土地和树丛是场地的景观标志，为游客提供指引。停车场和可移动苗圃的结合具有创新性，树木保留和可渗透性铺装的使用满足了人和植物的需求，提升了空气质量，缓解了雨洪影响。

MADE 事务所为机场扩建绘制了景观平面图，作为多国合作项目的一部分。扩建工程是跨欧洲交通网（TEN-T）项目的一部分，旨在提升欧洲的交通基础设施。（跨欧洲交通网中还有其他基础设施如电信。）TEN-T 包含所有交通形式——道路、轨道、飞机、内陆和海洋航道——每种交通形式都具有各自的网络体系。马可波罗机场位于里昂至布达佩斯的高速铁路沿线，是 TEN-T 优先考虑的项目。机场是连接高速铁路、本地铁路、空运、本地运输、道路、水运的枢纽。20 年的扩建工程将促进商业和娱乐发展，包括创建新的“机场城市”、旅馆、会议中心、体育场、大型公园。

MADE 事务所开展了机场景观的可行性研究。机场计划在未来 20 年内经历四个阶段，因此设计也是阶段性的，场地内潜在的区域可作为苗圃和物质储存处。该项目持续性的重组过程，伴随着土壤、地表、树木的重新利用和重组。

新汽车公园是首个机场项目。汽车公园检验了一系列景观理念，如苗床、铺地细节、人行道设计等。苗床中的树木随时被移栽，使景观处于不断变化之中。道路铺装也可在小范围内移动。停车处的铺装采用混凝土块，混凝土块之间的间隙可过滤雨水、生长草本，并且可随地下移动小幅度调整。树周围的黑色砂砾使得空气和水可以接近树根。人行道的可移动性具有隐喻意义，其蜿蜒的平面形式具有灵活的不固定感。人行道将人从车中引导到机场的主路，然后绕过场地的树木。

汽车公园在现存林地中设置了 1200 个新停车位。该项目由两个明显的几何图形组成：汽车道和停车位组成的几何图形以及现状树木组成的不规则几何图形。汽车道清晰可见，小型树木被移走。保留适合停车区域的树木，留下约 100 棵不规则分布的树木。这相当于 25% 的现存树的被留下，约 80 个停车位被取消（约占总停车位的 6%）。移走的树木被栽种在草地区域，以备在未来的设计项目中使用。

然而马可·波罗机场的大部分车停在几乎没有植被的黑色沥青路面上。汽车道需要更多维护且需要比停车位保存更持久，因此铺装采用沥青。停车位的铺装采用充满砂砾的预制混凝土块，以承受车重，同时草本植物可以在缝隙中生长。这将引起景观的细微变化：水和空气向树根周围渗透，地面在树根生长的影响下发生微小变化。植物会降低黑色沥青的热效应，嵌草铺装和树荫使停车位区域比周边地区更加凉爽。

机场和停车场往往因为单调重复而使人迷失方向。在马可·波罗机场汽车公园，蜿蜒的小径和树群使规则的停车空间富于变化，

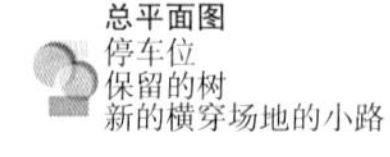

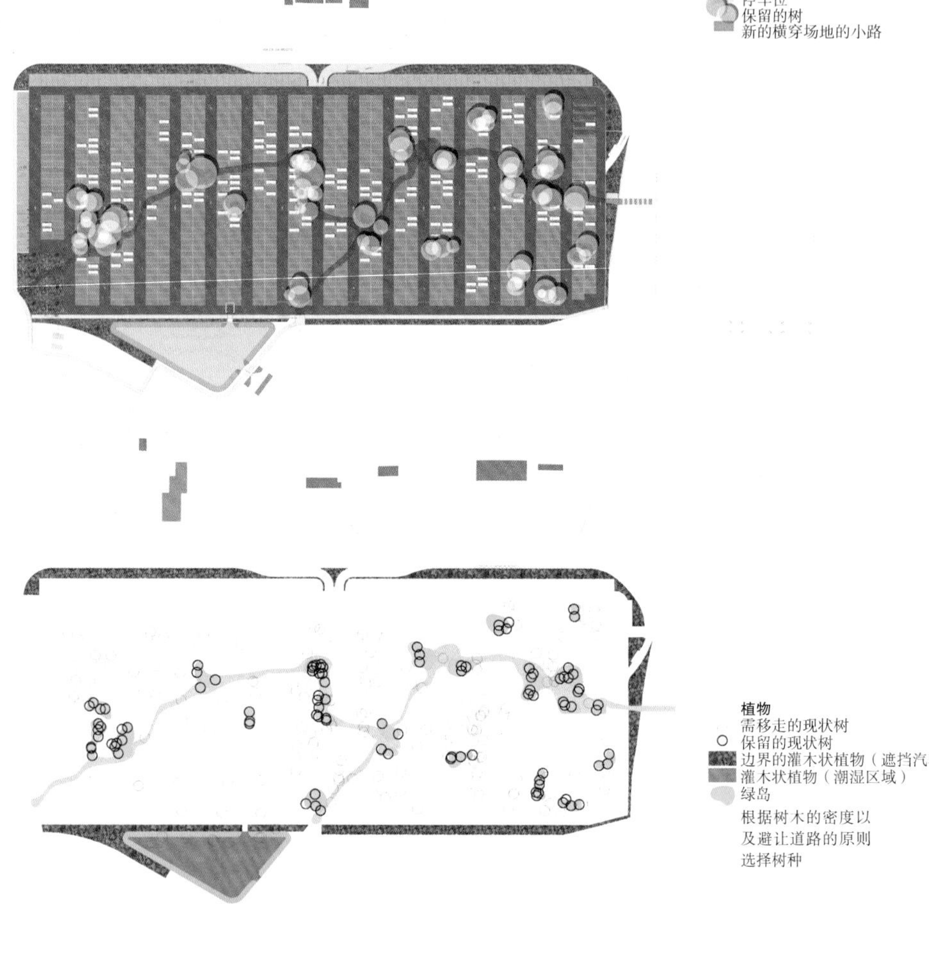

蜿蜒的小路从停车位穿过树群通向现存的人行道，具有清晰明确的指引性。
停车场联系了两个系统：停车位系统和现存的森林结构

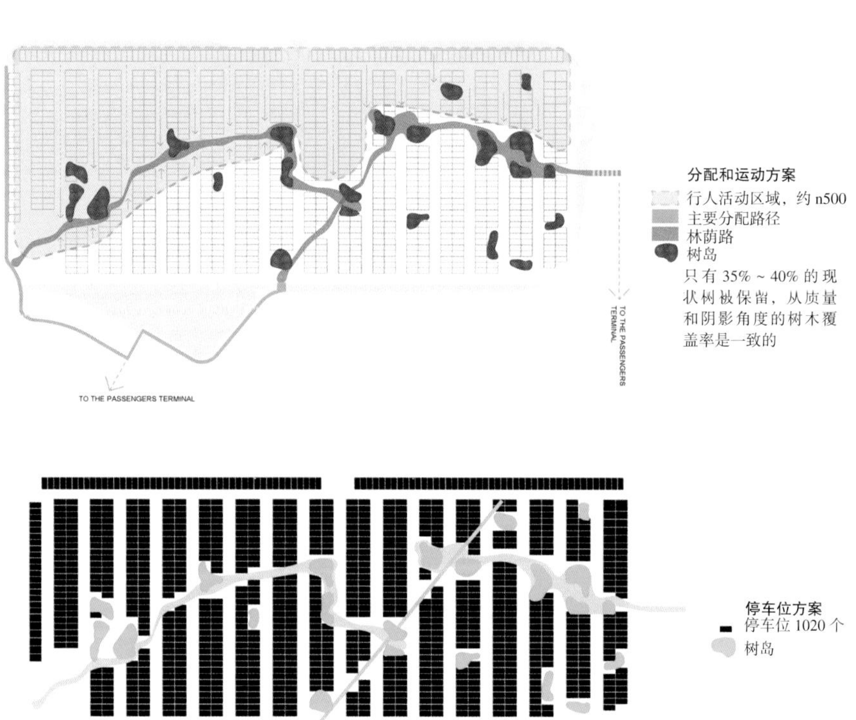

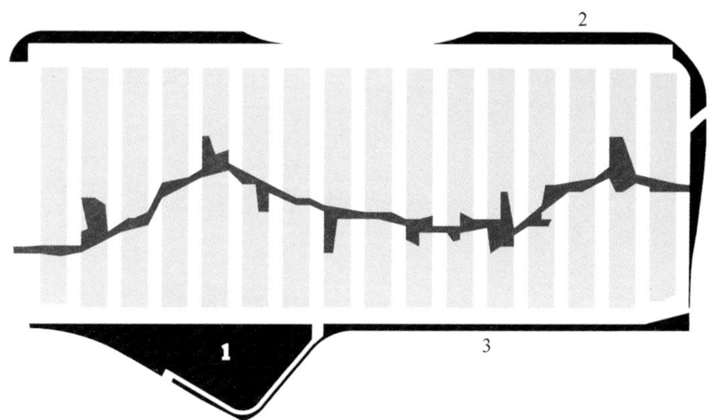

植物

1　小香蒲
小的开花植物
75 ~ 85cm 高
每 s.mt. 5 株植物

2　柳枝稷“北风”
灰色、绿色或蓝色叶，秋季变黄
最高可达 150 ~ 180cm
每 s.mt. 1 株植物

3　蓝羊茅“金发”
黄绿色叶。
最高可达 20 ~ 25cm
每平方米 9 株植物

Typha minima

Panicum virgatum 'Northwind'

Festuca glauca 'Golden Toupee'

且能指引游人。汽车构成的规则式几何图案和森林的不规则几何图案构成公园的平面布局，决定树木是否保留。树群和亮红色蜿蜒小路与场地边界的主要出入口联系在一起。出于安全考虑，人行横道绘制有显眼的条纹，每个停车道标有数字以引导游客。设计师提出了有关小路的多种方案，最终确定了具有纪念性而不浮华、统一而不单调的方案。坚固的小路、有条纹的人行横道和铺有黑色砂砾的树池、一条充满生气的蜿蜒路线使场地富有生机。

边界的草本植物的选择依据是颜色和种子头，以提供指向性

树群与小路保持一定距离，其自然形态与小路的几何形态形成鲜明对比。

设计团队的设计理念是“陪伴、适应、成长是现实的一部分——场所、人、情感的现实——场所设计就是在充满生机的物体上留下印记。”马可·波罗机场汽车公园即是将现实和生机融入充满创造性的基础设施中。

可渗透性路面使得停车场的雨水可以渗透到树根周围，草本植物降低了停车场的温度

树池的砂砾使雨水可以渗透，有色混凝土路面耐久性强

有色混凝土材质的图案化小路使场地与众不同

通向历史堡垒的人行桥，利用历史防御基础设施连接堡垒和当地娱乐活动

荷兰，哈尔斯特伦

设计：RO & AD 建筑事务所

（贝亨奥普佐姆，荷兰）

建成于 2011 年

540 平方英尺 /50m²

1.2 鲁维尔堡垒（Fort De Roovere）的摩西桥

通向历史堡垒的新型人行桥从水面穿过，打破常规

摩西桥与一般桥不同，它穿过水面而不是架在水面之上，两侧的木条防止桥面被水淹没以保证通行。摩西桥是在历史基础设施上建设的现代基础设施。摩西桥通往的堡垒是大型防御基础设施的一部分；摩西桥控制水土、具有雕塑感，让我们认识到基础设施也可以不同寻常。

鲁维尔堡垒周边壕沟中的水倒映着树和堤坝的绿色斜坡。这条出于军事目的而开凿的水流静静流淌了几个世纪。在公园里，人们联想到的是壕沟的防御作用，坚不可摧的水土在 1747 年抵抗

了一场围攻。从曾经敌军攻击的东部走来，人们逐渐注意到在提坎顶部，水中有一条线，划分了水域。毋庸置疑，小路分割了水面，从一些角度看，桥漂浮在水面上和堤坝深处。

摩西大桥展现了荷兰人处理高附加值自然系统的方法、对要素的理解和尊重以及高超的技艺，是一项杰出的工程。摩西大桥是荷兰的缩影，它同堡垒一起控制水流、保卫土地。在荷兰及其他低洼地区，水既是生命之源又具有潜在威胁，这个迷人而美丽的工程为水这一具有双面性的元素提供了新的视角。

17 世纪初，荷兰建设了几条洪水防御线来保护城市和基础设施免受西班牙攻击。规模较小的西布拉班特水线，长约 10 英里（16km），南起贝亨奥普佐姆，北至斯滕贝亨（荷兰水线，50 英里即 80km 长，2 至 3 英里即 3 至 5km 宽，洪泛面积 125000 英亩即 50586hm^2）。沿线有一系列防御土墙和堡垒防御洪水，堤坝和水闸控制水位。水线北半部的水主要是从北海（the North Sea）入海口涌入的盐水；南半部的水主要是来自自然湖泊池塘的淡水。洪泛区域的水深约 15 英寸（38cm），敌军船只无法航行，士兵和其他交通工具也无法通行。这条水线在 1628 ~ 1830 年间抵御了与西班牙、法国和比利时的六场战争。鲁维尔堡垒是西布拉班特水线上最大的堡垒，四周的壕沟和土木工事抵御了来自东部的敌军。

19 世纪，新技术的出现让这个曾经杰出的防御性基础设施逐渐废弃，土木工事和排水系统年久失修。鲁维尔堡垒周边的壕沟慢慢被填满，土木工事逐渐毁坏。从 2010 年起，鲁维尔堡垒团队组织了堡垒翻新工程，移走杂草，疏浚水沟。堡垒与当地娱乐联系在一起，尤其是徒步和骑行。RO & AD 建筑事务所负责设计了跨越壕沟的大桥，可以从东部通向堡垒的顶部。

历史上，受敌军攻打的东侧没有桥梁，但现今的文化背景需要一座桥。对于设计团队来说，“在防御工事壕沟上架桥很不合适，更何况在敌人会出现的一侧建桥”。因此出于对历史的尊重，设计团队让桥穿过水面而不是架于水面之上。摩西桥得名于关于红海分界线的圣经故事，它分割水面，行走在其中的人们的眼睛与水面持平。摩西大桥不是奇迹，而是多学科融合与创造力结合的产物。

鲁维尔堡垒这一景观化的防御基础设施将问题转变为机遇。荷兰地势低于海平面，使其饱受洪水威胁。为应对这一问题，17 世纪的工程师可以根据需要控制旱地和沼泽是否出现。摩西桥的设计用艺术而巧妙的手法解决洪水问题，项目场地扩大后，成为一种雕塑性元素，而不仅仅是设计背景。事实上，通过水力控制，桥穿过水面是可行的，这种水力控制也创造了水线。桥分割出两个水池，堤坝调节两个水池的水量。暴雨时，多余的雨水溢出堤坝而不会进入桥面。

设计师在这个项目中表现出卓越的创造力。场地需要在人行

桥分割水面、打破倒影，营造出视错觉。

从左边几乎看不到摩西桥，以示对历史堡垒和壕沟的尊重

基础设施中建立联系，而桥是水上最常见的起连接作用的基础设施。为恢复被破坏的历史遗迹，设计师提出了充满创造力和艺术感的解决方法。

摩西桥更像是一件大地艺术品。20 世纪 60 年代末以来的大地艺术家将目光投向军事基础设施，他们运用几何化语言，组织土地、水、植被等元素，对基础设施进行改造。例如玛丽·密斯（Mary Miss）的旋转场（Field Rotation，1980 ~ 1981），是四方的土堆，形似堡垒。在壕沟上建设依托大地艺术的基础设施也是可行的。摩西桥让人联想到安迪·古德沃斯（Andy Goldsworthy）的风暴王之墙（Storm King Wall，1997 ~ 1998），石墙没入小溪中，在另一侧又出现，水下的十字路口不可到达。摩西桥还让人联想到玛丽·密斯的格林伍德池塘：位于艾奥瓦州得梅因的双重场地（1989 ~ 1996）。作为大型艺术品的一部分，密斯修复了湿地，并设置了一条小路，提供全方位的视角——在上方、内部以及湿地

在概念草图中，摩西桥是连接两个堡垒的细线

从远处几乎看不到嵌入土方和水中的桥

边上。在双重场地上，小路潜入嵌在格林伍德池塘中的混凝土空间。水下的小路的一部分在水下，有木质挂架标记，在码头处又出现在水面之上。在混凝土空间中，游人可以观赏与眼睛高度相当的湿地。木质挂架连接水下空间和码头，但游人在水中穿行的愿望不能实现。在摩西桥项目中，这种愿望则可以达成。

摩西桥向我们展现了基础设施也可以不同寻常。基础设施将人、场所、物质、信息联系起来。只要具有连接性，基础设施就

可以呈现不同的形式。鲁维尔堡垒中的人行基础设施基于场地的自然条件和文化历史，如同一件装置艺术作品。密斯解释她的作品“打破常规的物质、空间和情感界线”（《不同寻常的视角》，P195）。摩西桥同样打破了工程师、风景园林师、艺术家之间的界线。

桥切入土地和水中，远望此桥几乎不可见。

穿过水面的桥为游人提供了全新的视角

DO NOT
ENTER
DO NOT
ENTER

雨水湿地，超过一英里的街景，
自行车、步行道和种植组成的
城市广场

纽约市皇后区

设计：WRT（费城），风景园林——Margie Ruddick 设计总监

Marpillero Pollak 建筑事务所（纽约），建筑和城市设计

Michael Singer 工作室（威尔明顿，佛蒙特州），公共艺术

Leni Schwendinger 灯光公司（纽约），灯光设计

Langan 工程公司（纽约），土木工程

建成于 2012 年

1.5 英亩广场，1.3 英里街道景观 /0.6hm^2 广场，2km 街道景观

1.3　皇后广场

重建的街道景观巧妙地引导和保护行人，并创造出一个城市湿地

火车从铁轨上呼啸而过。货车、汽车在交叉路口混乱而拥挤，只有纽约的司机才会觉得舒适。在嘈杂声中，行人和骑行者从一条植物繁茂的绿带中穿过，这是一条安全、精心设计的线路。皇后广场还用生态和艺术手法将交通、雨洪基础设施和娱乐联系在一起，创造出集基础设施、艺术和邻里关系催化剂于一体的综合城市空间。

皇后广场重建之前是嘈杂、不友好、不安全的。它是昆斯伯勒广场至长岛城及皇后区的必经之地。这里，时而上升时而下降的铁轨、十字路口及车道混杂在一起，纵横交错的街道和弯曲的

场地在重建之前是一个汽车公园，行道树死亡，只剩下草坪广场

植物、车道、交通信号和艺术化的混凝土材料使场地安全而美观

铁轨水平交织，道路和立交桥随时转换。周边居民的评价是："啊，太糟糕了。"当时皇后广场所在区域的潜力是巨大的。它是东西向重要连接的东部起点，从中央公园南端沿着皇后广场的昆斯伯勒桥到达奇·凯尔斯·格林公园，再从这里到达长岛城和皇后区。广场将东部行政区与河流联系起来，为周边地区提供了便利的交通。

皇后广场区域邻近曼哈顿，但是混乱的基础设施和工业特征使该区域缺乏商业活力和居住吸引力。2001 年，为刺激该区域发展，市政府将其从工业区转变为高密度的商住混合区，并规划了一系列基础设施和开放空间项目，包括皇后广场。皇后广场重建项目是指导《纽约城高性能基础设施导则》制定的两大项目之一，旨在探索如何将交通和雨洪基础设施与生态功能、社会认同感和凝聚力相结合。

皇后广场重建项目基本目标是改善交通基础设施，疏导交通，为行人和骑行者提供安全、舒适的环境。一些地区有 16 条车道交汇，交通混乱、拥堵严重，对汽车、货车，尤其是行人和骑行者造成安全隐患。纽约城城市规划部门和交通工程公司 Eng-Wong、Taub & Associates 重新组织了交通，具体措施包括精心设计交通信号灯、扩大绿化带、拓宽人行道、按交通工具的类别划分车道。此外，照明的改善也提高了安全性和舒适感。一个每日经过这里的上班族评价改建后的皇后广场“从一个可怕的地方变成了令人愉悦、充满无限安全感的地方……它从我上班路途中最危险的路段变成了最安全的路段。”

纽约希望通过这个项目向人们展示交通基础设施的作用不仅仅在于改善交通。纽约 2005 年高性能基础设施导则中提到，“我们在城市公路用地上设计、建造、维护和管理基础设施的方式会

混凝土边界的缺口使雨水从人行道流入雨水花园

对生态环境产生深刻影响。自然资源如空气质量、水质、植被等与城市基础设施密不可分。”导则制定了一系列关于公路用地的目标，即降低基础设施安装和维护费用；增强社会凝聚力；提高生活质量；改善环境，使空气和水更洁净。

风景园林师麦基·罗迪克（Margie Ruddick）和建筑师琳达·波拉克（Linda Pollak）设计的皇后广场将基础设施、生态和艺术结合在一起。他们与艺术家迈克尔·辛格（Michael Singer）合作设计了可渗透性路面，雨水可以渗透下去，多余的则流入种植区，这也成为该地区的独有特征。互联的 Ls，Ts 路面，有沟槽引导雨水，路面中的缝隙可生长植物、渗透雨水。广场和街道种植约五百棵耐干旱的乡土树种，为周边的生物提供栖息地。

雨水流入街道边的种植池以及公园东部半英亩的湿地。金属格栅的人行道引导人们进入湿地，长凳让人在莎草、蕨类植物及其他草本植物的包围中观察鸟类和蝴蝶的活动（紫菀、鬼针草、湿地草本植物和杂草同时增加。杂草是生长在荒地或废弃地的植物，如千屈菜和蓟）。可渗透性路面、沼泽地和湿地参与了城市的水循环，在多余的雨水进入雨洪系统之前将其净化、冷却，灌溉植物。皇后广场还有减缓雨水峰值的作用，这个生态系统服务设施在 2012 年那场由 Sandy 飓风引发的洪水中起到了显著作用。

对同一个交叉路口的两种评价。重建之前，混乱的基础设施让行人和骑行者没有安全感。

重建之后，“路途中最危险的部分变成了最安全的部分。”

广场除了生态功能外，还通过材料的再利用刺激了经济发展。在广场重建过程中有 73000 平方英尺（$6800m^2$）的人行道被拆毁，其混凝土材料被重新利用于人行道镶边、中间装置和湿地区。重新利用的混凝土在交通引导、雨水导流中也起到一定作用，是该项目的典型特征。混凝土的粗糙边缘和锯齿状的垂直布置为行人提供了安全的边界，其坚固的特性阻挡了噪声。混凝土材料以其独特的视觉特征和物理性质在这片嘈杂的环境中占据了一席之地，混凝土材料在场地中像卫士一样为行人和骑行者分割出一条安全通道。

皇后广场东部的停车场被开辟为 1.5 英亩（$0.6hm^2$）的名叫达奇·凯尔斯·格林公园。公园北部的大橡树被保留下来，为游人提供休憩区（该区域还是距离火车铁轨最远的区域，噪声最小）。公园有座椅区和一个小型露天剧场，也为周边居民提供了

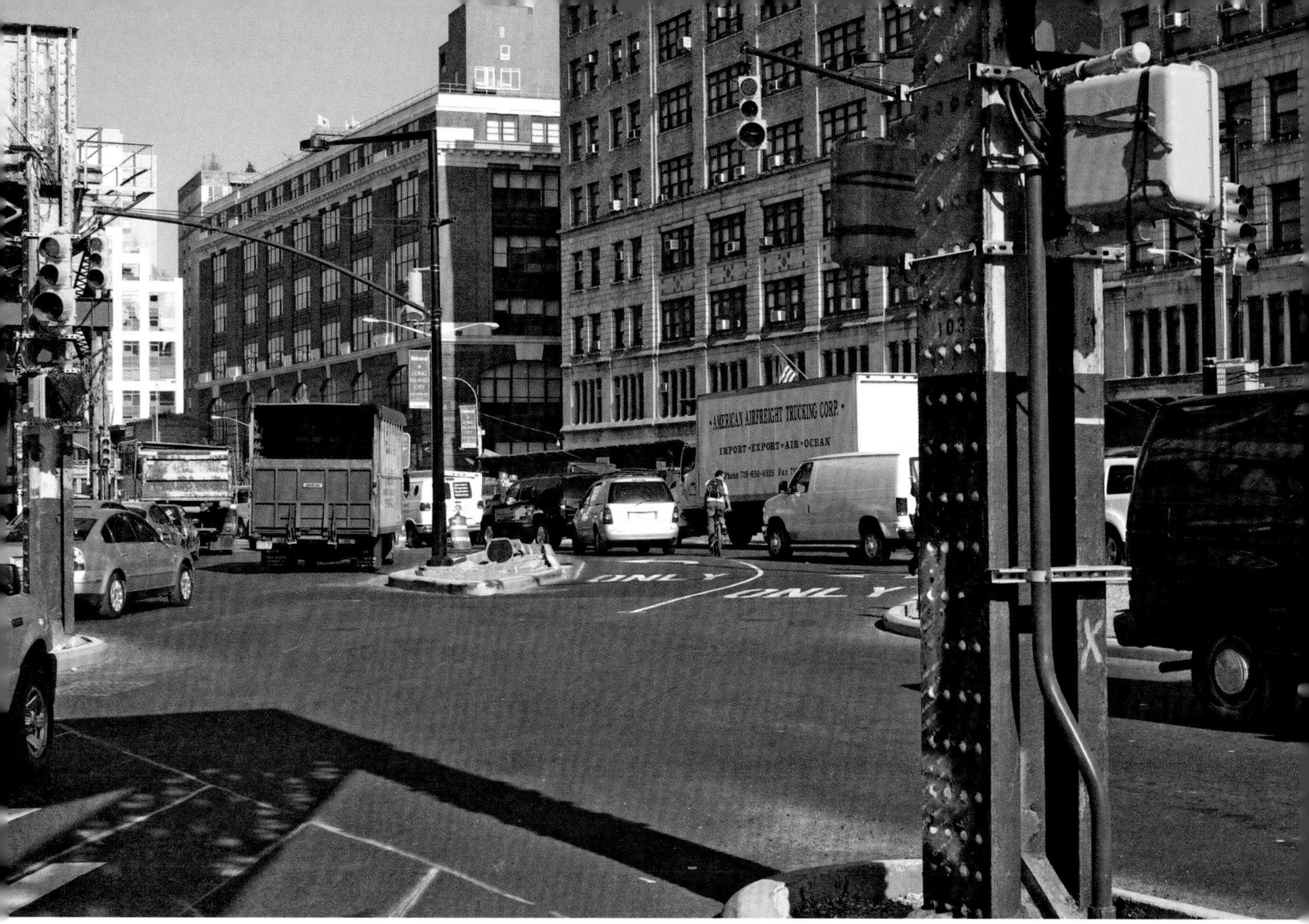
AMERICAN AIRFREIGHT TRUCKING CORP.
IMPORT • EXPORT • AIR • OCEAN
ONLY
ONLY
103

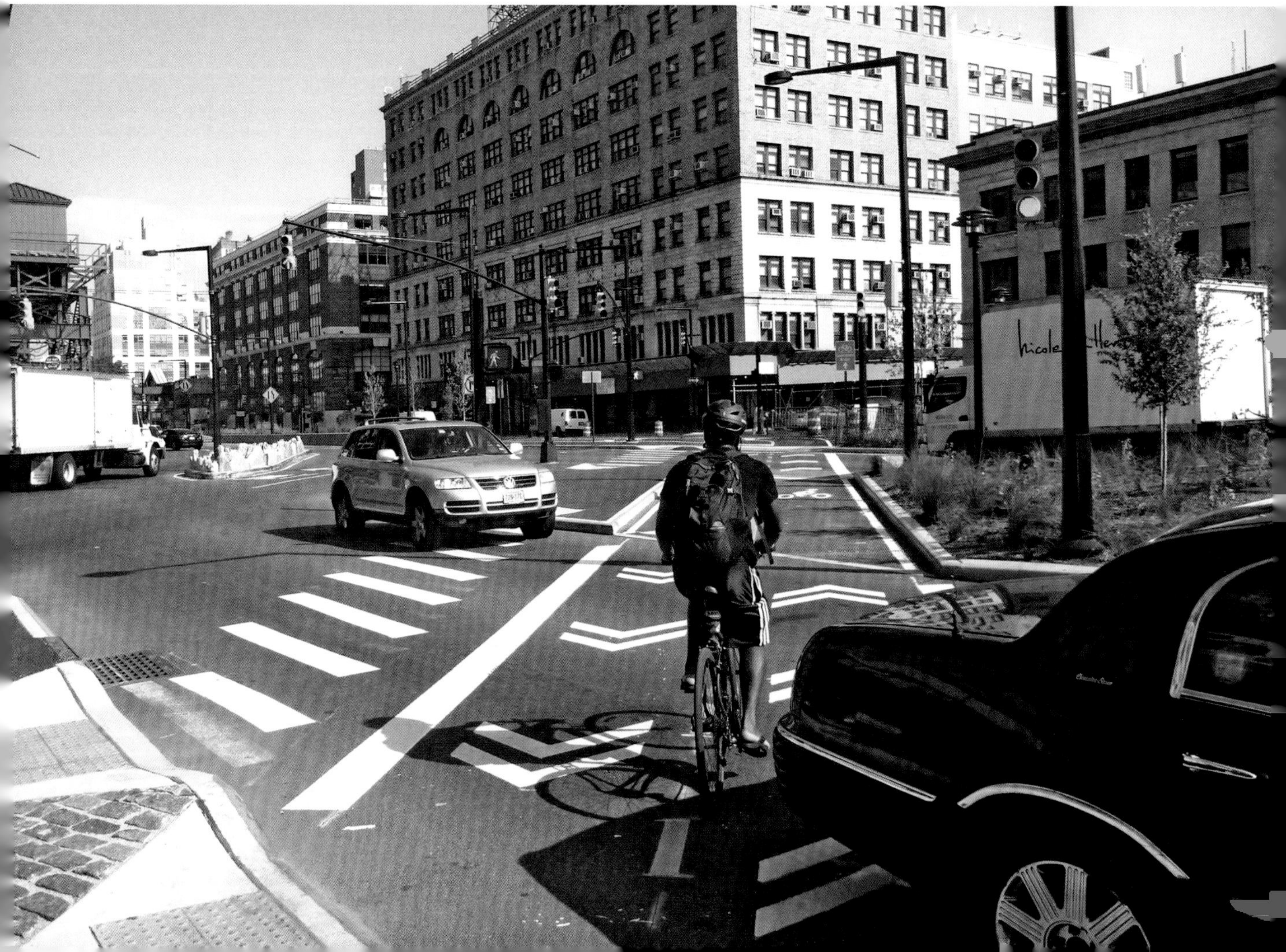

休憩场所。当上班族在公园短暂停留、附近的建设工人在此休憩，公园成为旅途的一部分。当外界的噪声超过 100 分贝，公园里则宁静而郁郁葱葱，仿如世外桃源。皇后广场除了大量骑行者和行人，还有许多游客。座椅区是休息、野餐、交谈的区域，很受欢迎，尤其受到高中生的青睐。

湿地净化、冷却雨水，并提供了野生城市生境

皇后广场取得了巨大成功。自开放以来，自行车交通量增加了近 25%，且交通事故发生率降低。2011 年，皇后广场首次实现零死亡事故。自 1997 年此地区发生 18 起死亡事故起，这里便被称为死亡大道。树木荫庇小路，令人愉悦，蜜蜂和蝴蝶在此栖息。林荫路通向东河，为人和城市动物提供了安全的行进路线。公园和林荫路阻止了超过 2000 万加仑（7600 百万升）的雨水进入下水道。2006 ~ 2013 年间，周边商铺的市场价值增加了 37%。

皇后广场项目体现了风景园林师在城市基础设施设计中的重要性。政府也许更加关注材料再利用、雨水收集、商业价值提升，居民则更关心社交互动和生活品质的提升。

新的自行车道被树荫庇护，茂盛的植物将其与车辆隔开

在草地和湿地生态系统中排列的太阳能板，结合人行道和户外教室

纽约州，阿默斯特，布法罗大学北校园

设计：Walter Hood（奥克兰，加利福尼亚州）

建成于 2012 年

6.5 英亩（4 英亩太阳能板阵列）

2.6hm^2（1.6hm^2 太阳能板阵列）

1.4 太阳能板群

太阳能板阵列为教育和生态修复提供了景观空间

大部分太阳能板（实际上是大部分发电设备）都是隐藏的。发电设备通常放置在屋顶上或在高速路旁，或用栅栏围起禁止入内。而布法罗大学将太阳能板群置于可见的位置，将其融入教职工和学生的教育生活中，发电的深层意义也成为大学理念和认同感的一部分。

校园的入口凸显了场地特征。结构、材料和空间构成暗示了大学在社会中的地位。游客沿太阳能板阵列行走，将进入布法罗大学北校园。太阳能阵列表明布法罗大学致力于研究、可持续发展以及改变公众对发电设备的认知。但项目向人们展示

太阳能板阵列与校园出口处的道路平行，阵列跨越小路、穿过树群，融入景观环境中

的更多的是这所大学。太阳能板阵列项目既引领未来，又追溯历史。它处在包含草地和湿地的丰富的生态系统中，这里曾经是干涸的土地。建造道路和广场的材料来自于校园其他项目留下的废弃材料。与入口相连的小路通向太阳能板阵列，旁边建有广场，可见布法罗大学希望将技术和生态生产融入教学中。太阳能板阵列与入口所在的道路平行，小路穿过太阳能板阵列、草地以及树群。位于校园入口附近的太阳能板阵列是对电力、可持续教育和研究的强调。

太阳能板群将发电景观融入社区日常生活。太阳能板群组的设计增强了布法罗大学在社会、教育、文化和生态方面的认同感。大多数情况下，太阳能板的排列方式简单、重复。本项目的设计者沃尔特·胡德（Walter Hood）则设计了不同的排列方式，将太阳能板单元倾斜到最佳角度，12 个板一组，每 12 组放置在一个绝缘盒中，在简单中创造变化。

本项目来源于布法罗大学在 2030 年的气候中立的目标。2009 年，布法罗大学得到纽约电力局（NYPA）7500 万美元安装太阳能的赞助，为四个居住区的 735 个公寓提供电力。纽约电力局以最大发电量为目标，而布法罗大学则希望在满足发电量的同时，艺术地排布太阳能板，并使其发挥教育和研究功能，将其作为教育的催化剂，改变公众对电力生产和使用的认知；将规模最大的太阳能板群组建成公园，让公众接近。布法罗大学通过举办国际竞赛寻找将大地艺术与校园景观结合的优秀设计方案。该项目通过艺术化的设计，使基础设施不再与人隔离，不再是嵌板、管道组成的丑陋的发电系统。

胡德的设计灵感来源于 DNA 分子链结构，DNA 分子通过简单元素的重组创造出无穷变化。因此，在重复中寻求变化是设计的关键。太阳能板阵列共三列，每列有十二个板宽，每组太阳能板的数量不同。根据投影，低的太阳能板排列紧密，高的太阳能板排列疏松。最低的太阳能板高约 4 英尺（1.2m），可以俯观。三个最高的太阳能板群组各有 96 个板，覆盖了社交空间、户外教室及学习区等一系列户外空间。建筑师罗伯特·希伯里（Robert Shibley）评价其外观“与大教堂相似”。膝盖高度的钢管连接各阵列。列与列之间是人行道，游客可将其作为座椅。人行道连接了太阳能板阵列、周边道路以及校园内的路，游人可以在场地中自由探索。胡德评价此设计“阐释了电能的理念，以及发电所需的规模。”

但是太阳能板阵列更多的是一个可接近的电力基础设施。它对校园开放，具有生态性、物质性、历史性。项目基地曾经有小溪、湿地、草地，后来由于农业生产而消失。建成校园后，场地的表土被移走，变成矩形的校园区域。通过将太阳能板阵列延长至弗林特路——校园的主出入口——项目范围便囊括了邻近的溪流、池塘和草地生态系统。太阳能板阵列周边是广阔的红枫、梓树、花楸、北美金缕梅等组成的植物群，还有溪流和湿地。项目具有

这张以前的图像显示了曾经退化的生态状况。表土被移走后留下了冲积层的黏土，几乎没有植物生长

社会性：一百多个教职工、学生参与了弗林特路周边的植物栽种。同时，该项目回溯了校园的发展史。校园改建过程中产生的1000多吨的砖石、混凝土被用来建造卵石小路、混凝土座椅和广场铺地。

草地和斜切的小路成为场地的边界。太阳能板阵列发电、营造社交空间、承担教学功能，草地则提供土壤和栖息地。项目将工程学的太阳能技术与风景园林学的社会与生态功能相结合，创造出生产性景观。表土被移走后，新的冲积层慢慢积累。厚黏土不适宜植物生长，因此这里曾经几乎没有植物。草地将太阳能转化为肥沃的土壤，并持续更新。乡土树种被移植到这里，每年修剪一次，以改良场地土壤、促进树木生长。

太阳能板阵列项目使基础设施也具有生态和社会效益，调和了技术和生态、能源和土壤、死板的结构和有趣的形式。胡德评价此项目："技术让我们认识我们自己、我们生活的场所以及我们的渺小，但我们可以控制小气候和当前的环境。”它让我们意识到自己的力量和局限。项目从基础设施的模块化、扁平化、单调重复中寻找突破，将太阳能板阵列扩展，使之融入生态和历史环境中，联系过去和未来。

栽植乡土树种，改良土壤

模块体系由标准尺寸的嵌板组成，板与板之间由贴近地面的管道连接。设计师在太阳能板阵列的单调重复的限制中寻求创新

大型的太阳能板群组投下阴影，创造了大型的聚集空间

太阳能的两种形式：光电池板发电，草地的植物通过光合作用生长，最终分解，促使土壤再生

主广场的铺装来自于回收的混凝土材料

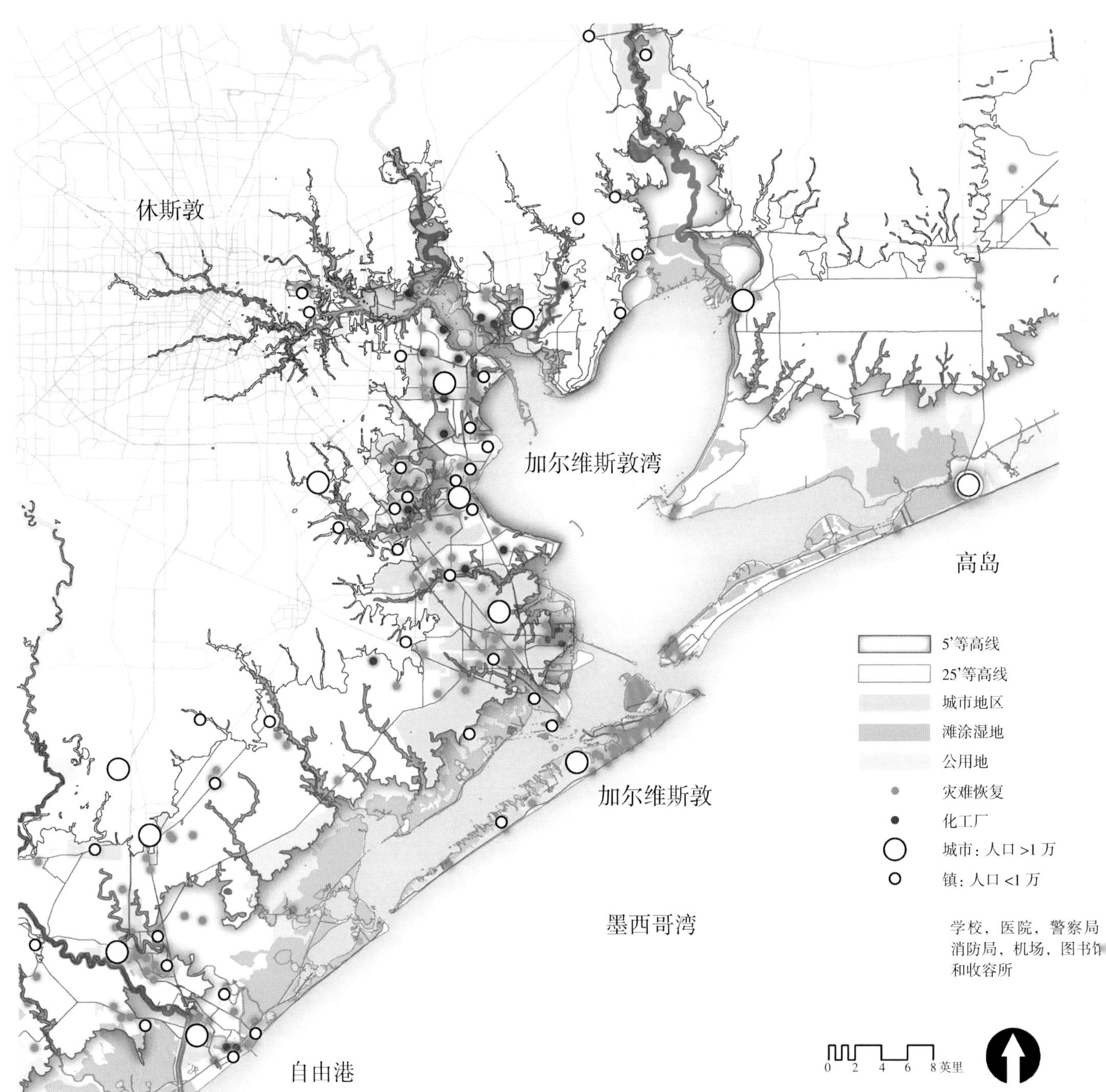
休斯敦
加尔维斯敦湾
高岛
加尔维斯敦
墨西哥湾
自由港
5'等高线
25'等高线
城市地区
滩涂湿地
公用地
灾难恢复
化工厂
城市：人口 >1 万
镇：人口 <1 万
学校，医院，警察局
消防局，机场，图书馆
和收容所
0 2 4 6 8 英里

国家休闲区和飓风保护系统，
包括堤岸、湿地和防洪闸

得克萨斯湾上海岸

设计：托马斯·科尔伯特教授，研究助理：杰森·霍尼克特，罗斯·李，休斯敦大学 Gerald D. Hines 建筑学院

马特·鲍姆加顿，亚历克斯·拉赫蒂和卢方漪（音译），SWA 集团（休斯敦）

菲尔·贝迪恩特，吉姆·布莱克本，安东尼娅·塞巴斯蒂安，莱斯大学 SSPEED 中心

2012 年设计

45 万英亩 /182000hm^2

1.5 沿海堤岸和隆斯塔沿海国家休闲区

加尔维斯敦海湾沿岸的大部分区域的海拔不超过25英尺，极易受洪水威胁。研究设计团队研究该地区的脆弱性，并提出工程的和机遇景观的防御方法。

加尔维斯敦海岸饱受飓风威胁，是十分危险的地区。大型风暴来袭时，潮水淹没海岸，雨水和强风袭击内陆。人口的快速增长加剧了危险性。2008 年艾克飓风过后，来自不同学科的学者和设计师组成的团队提出了基于建筑和景观的策略来应对洪水，综合利用自然和工程系统。沼泽和草地收集洪水、降低暴雨强度，堤坝和防洪闸则为大规模的休闲和生态系统提供条件。

2007 年，来自七所大学的学者建立了暴雨预测、培训和避灾（SSPEED）中心，研究墨西哥湾沿岸的暴雨预测，并对政

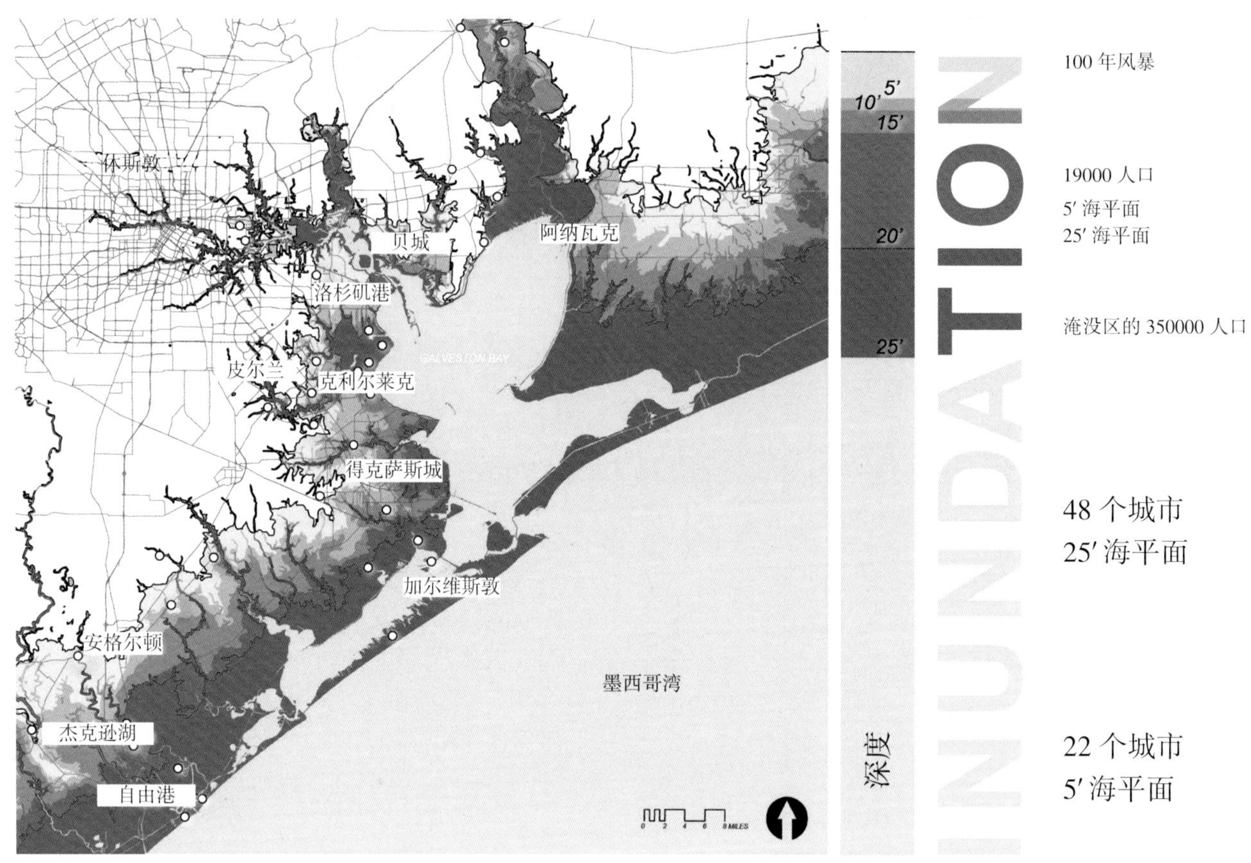

易被洪水侵袭的区域包括45个城市，35万人。这张地图显示100年一遇的风暴引发的洪水对此区域的威胁

府官员、服务机构和公众进行培训。2008 年 9 月，艾克飓风登陆加尔维斯敦岛东部并继续北上至加尔维斯敦海湾，风暴中心经过休斯敦东部。艾克飓风是美国历史上造成经济损失第三大的飓风，给休斯敦—加尔维斯敦地区带来了 2 亿 7 千万美元的经济损失。休斯敦—加尔维斯敦地区极易受到暴雨、洪水和大风的威胁。假如艾克飓风向西移动至人口密集、经济发达的地区，将会造成更大的损失——更高的人员伤亡、石油泄漏、休斯敦航道审查工作中断等。

艾克飓风过后，暴雨预测、培训和避灾中心分析了艾克飓风的影响，预测了未来风暴可能造成的损失，并提出保护加尔维斯敦海湾地区的策略。来自不同学科的研究团队运用风暴模型软件，并对地形、人口密度、产业分布、基础设施及其他可衡量风暴影

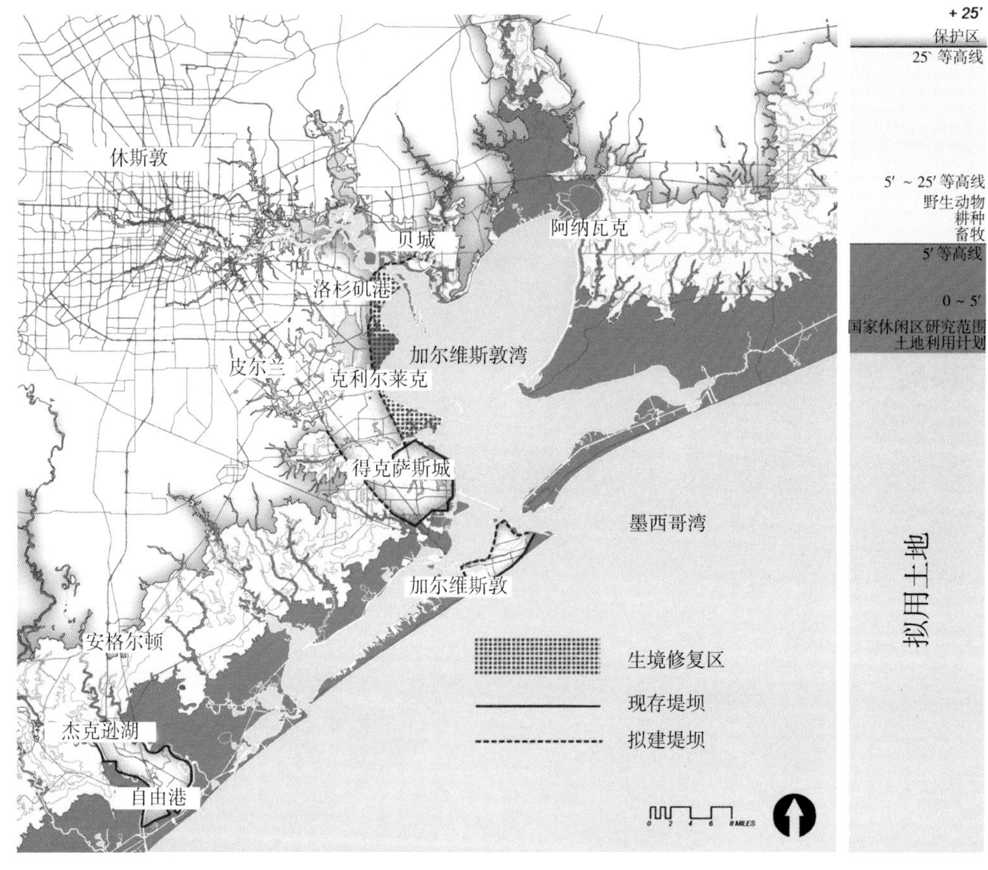

响的指标进行了基于 GIS 的分析。可被 5 英尺（1.5m）风暴潮淹没的区域属于高风险区，可被 25 英尺（7.5m）风暴潮淹没的区域属于中等风险区。暴雨预测、培训和避灾中心的研究团队包括研究员和设计师。团队在休斯敦大学的托马斯·科尔伯特教授的带领下，根据景观特征和风险等级划分出四个区域：加尔维斯敦岛、休斯敦航道、西海湾和低洼沿海区，并提出针对性的解决策略。

国家休闲区的建立将限制风暴进一步发展，从而保护易受灾地区

针对各个区域，研究团队提出了大量的工程化和非工程化的洪水控制策略。航道和加尔维斯敦岛地势较高，人口密集，商业和工业区密布，适宜使用工程化策略（堤坝和防洪闸）。低洼的沿海区被风暴侵袭的风险高，产业密度低，适宜采用景观化的解决策略。西海湾介于前两者之间，宜采用工程和景观结合的策略。

休斯敦航道上有大量石油工业设备，大部分设备只超出海平

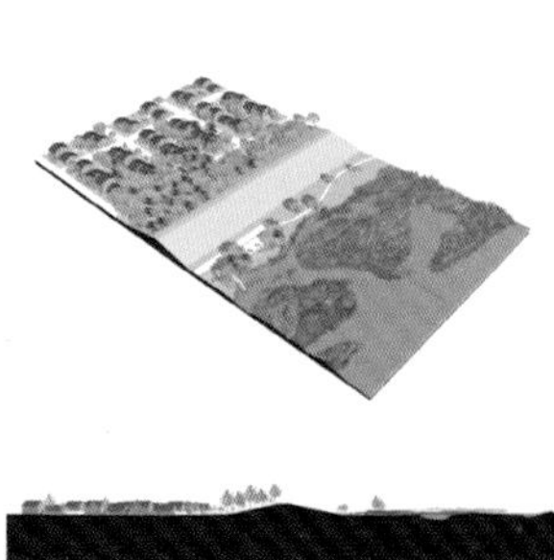

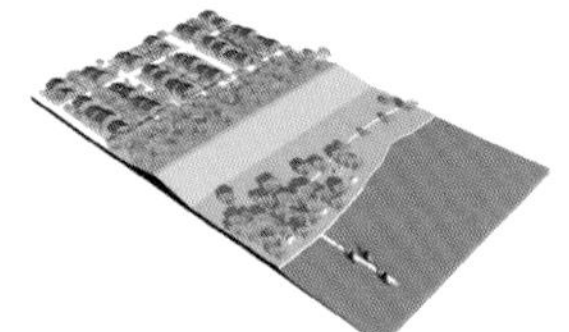

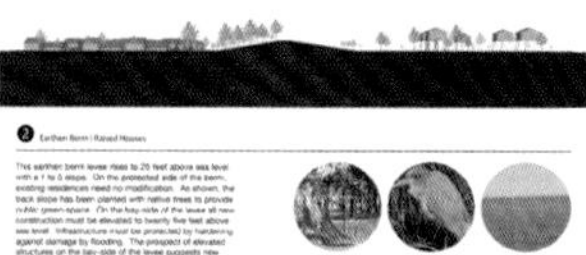

修复后的湿地

架高的建筑

休闲码头

生态旅游旅馆

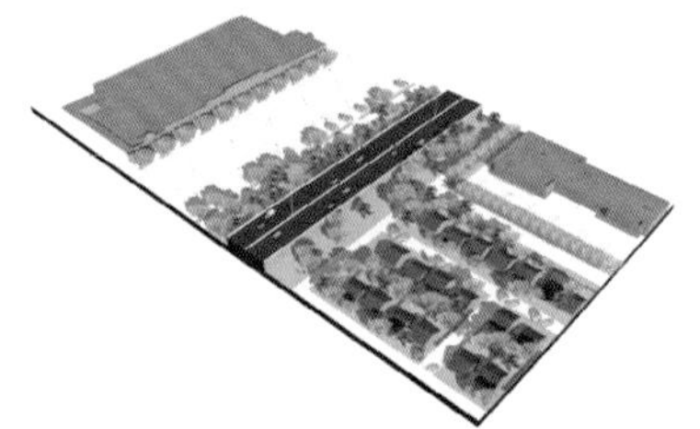
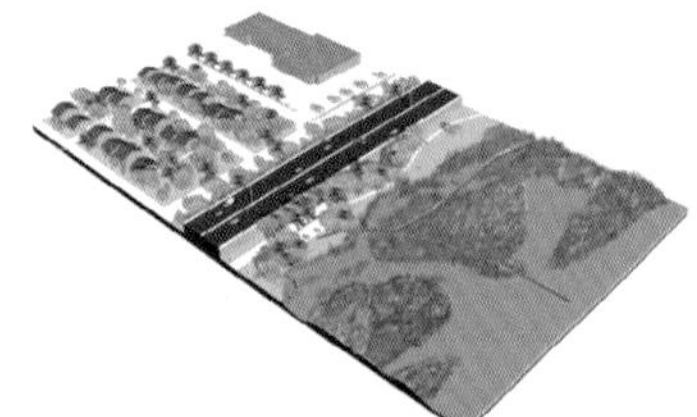
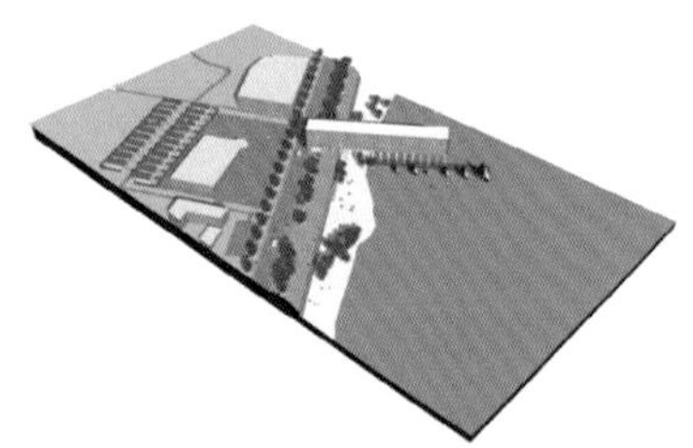

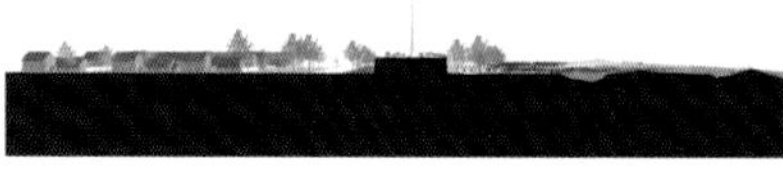

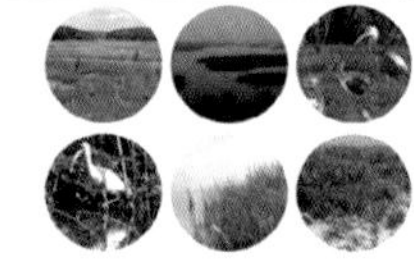
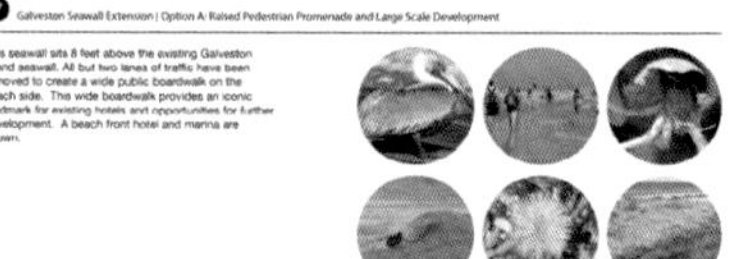

被保护的社区

高架公路和沿海湿地

高架的加尔维斯敦滨海步道

面 14 ~ 16 英尺（4.2 ~ 4.8m）。一场大型风暴便可以摧毁美国石油生产，造成石油泄漏。为防止航道被风暴侵袭，研究团队在狭窄的航道入口处设置了防洪闸。加尔维斯敦岛即使有高 17 英尺（5.2m）的海堤，也依然极易受风暴威胁。小岛地势低洼，东部人口密集、商业集中。大型风暴来袭时，岛将面临被完全淹没的风险。为此，团队加高了小岛面向海湾一侧的海堤，堤坝也成为城市核心的一部分。

西海湾位于加尔维斯敦海湾西部，近 25 万居民居住在 25 英尺（7.6m）的风暴潮洪泛区内。为此，研究团队拟建立堤坝系统来保护 25 英里（40km）场的海岸线。最可行的方案是将 146 州道改建在堤坝之上。基于优良的景观环境，堤坝将为生态修复和休闲活动提供条件。高密度地区的公路用地有限，堤坝需要抬高。在低密度或未开放的地区，堤坝轻微倾斜，朝向陆地的一侧种植树木，作为公共开放空间。堤坝面向海湾的一侧可用于保护和修复湿地，湿地可防止堤坝腐蚀；或建设公园，游人在此可划船、垂钓、捕蟹。在低密度开发的地区，面向海湾一侧的基础设施需要建在高于 25 英尺（7.6m）的高风暴潮位线之上。

将146号州道建设在堤坝上，抵御沿岸的洪水。在公路面向海湾的一侧，通过恢复湿地、在洪水水位之上建设新的工程设施等策略抵御洪水侵袭。

在高度开发、用地紧张的地区，高速公路将起到海堤的作用。

加尔维斯敦市拟建设新的防洪堤（红色虚线所示）

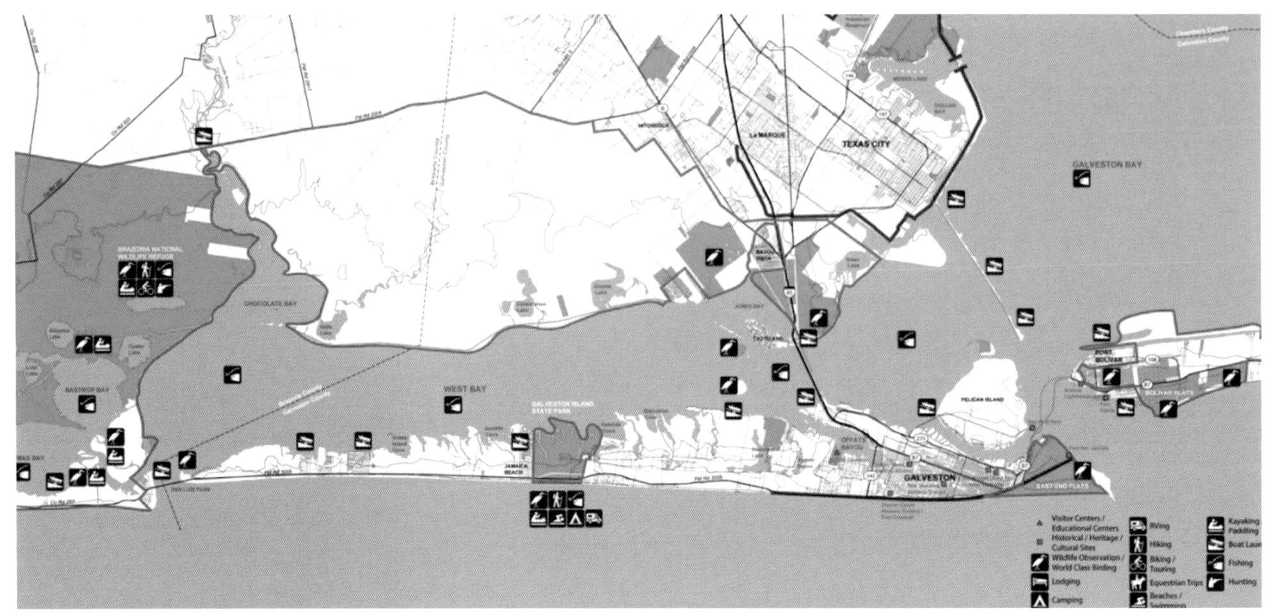

海湾是全国最大的候鸟聚集地，是进行皮划艇、观鸟、垂钓和远足等活动的理想场所

拟建的隆斯塔国家休闲区作为天然的洪水储存库，将保护低洼地区免受洪水侵袭

为研究艾克飓风，工程师进行了海上巡游，发现在飓风过后四天，水从湿地流向海湾。湿地像一块海绵，吸收了 14 英尺（4.3m）高的风暴潮，在风暴退去几天后将水释放到海湾。低洼沿海区依靠沿海景观抵御风暴，沿海的沼泽地和海湾收集洪水、分散风暴能量。未开发的沼泽、沿海草原、岛屿和半岛组成了抵御风暴潮的缓冲带。为保护景观的洪水储存容量，政府建立了国家休闲区（NRA）。国家休闲区是国家公园管理局（NPS）系统的组成部分之一，包括征集的私有土地和当地政府机关管理的土地，且具有旅游价值。得克萨斯州充分保障个人财产权不受侵犯，因此土地征集是自愿的。国家休闲区（NRA）保护和修复湿地以抵御洪水，同时创造休闲空间、促进经济发展，保护和提高生态系统的功能。

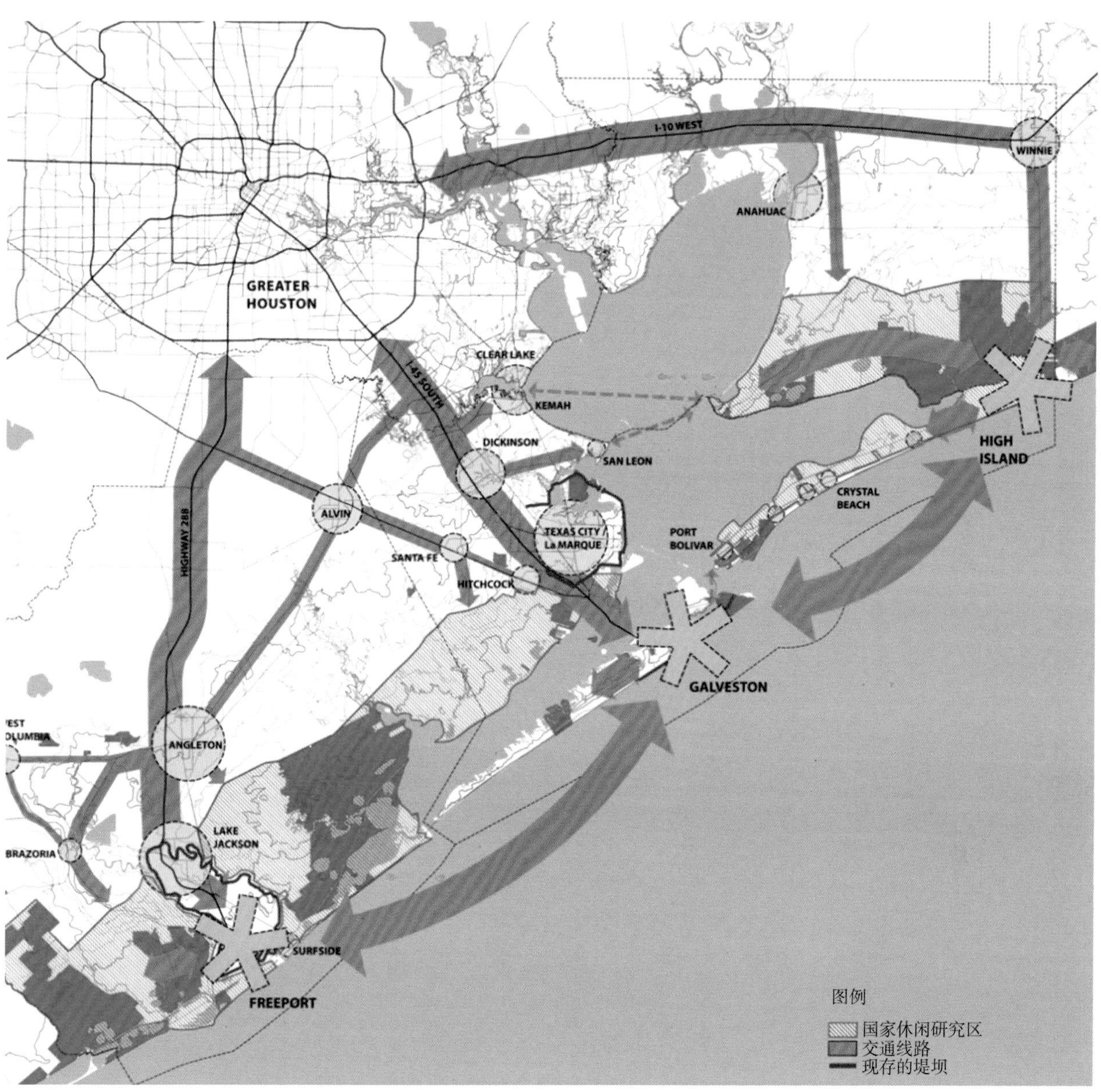
I-10 WEST
WINNIE
ANAHUAC
GREATER HOUSTON
CLEAR LAKE
KEMAH
I-45 SOUTH
DICKINSON
SAN LEON
ALVIN
TEXAS CITY / La MARQUE
SANTA FE
HITCHCOCK
HIGHWAY 288
PORT BOLIVAR
CRYSTAL BEACH
HIGH ISLAND
GALVESTON
ANGLETON
LAKE JACKSON
BRAZORIA
SURFSIDE
FREEPORT
图例
国家休闲研究区
交通线路
现存的堤坝

国家休闲区包括四个国家的沿海洪泛区。所有地区的海拔均不超过 5 英尺（1.5m），是此次研究中最易遭受洪水威胁的区域。该区域包含约 450000 英亩（1821100hm^2）的湿地，海湾和沿海草原，以及 150000 英亩（60700hm^2）的海湾。其中 600000 英亩（242800hm^2）的区域是全国最佳观鸟区和皮艇运动区。国家休闲区在提升景观防御洪水能力的同时，还促进了经济增长和生态系统保护。

国家休闲区为居民提供了休闲娱乐的场所。含有大量群栖地的岛屿、海湾、森林等地区是观鸟的最佳场地。加尔维斯敦海湾是捕鱼和捕蟹的最佳区域，在野生动物区可进行季节性狩猎。自行车道连接建筑和历史场地，盐水湖、水湾、海湾和湿地可供游人划独木舟或皮划艇。当地社区通过与富饶、美丽的自然相联系，可以保护生态系统，防止沿海地区受飓风侵袭，带来显著经济收益。一个经济影响研究显示，十年后，国家休闲区将吸引 150 万游客，为当地带来近 2 亿元的收益，增加 11% 的就业岗位。

加尔维斯敦海湾区域目前有 150 万人，到 2035 年，人口将增加到 240 万。专家估计现有的基础设施可以在 36 小时内疏散 100 万人，远远不能满足人口增长的需要。22 世纪，海平面将少则上升约 2.3 英尺（0.69m），多则上升 4.9 英尺（1.5m）。即使没有飓风，升高的海平面也会淹没加尔维斯敦 78% ~ 93% 的家庭。

加尔维斯敦海湾是数千个受风暴威胁的沿海地区之一。景观尺度的规划对于应对洪水至关重要。研究团队针对加尔维斯敦海湾提出了策略，即运用工程化、景观化的综合手法使社区在防御风暴方面更加具有弹性。设计为自然灾害风险分析提供了有价值的模式。弹性社区的设计需要基于复杂的生态、基础设施、政治、经济和气候研究。暴雨预测、培训和避灾中心的团队运用风暴模型软件和 GIS 分析评估风险，并将弹性社区的创新构想作为提升社会、经济、生态效益的途径。

国家休闲区内将有小艇、观鸟平台以及去往休斯敦航道的大量船只

German Films
CHAUVEL

第 2 章

后工业景观

工业遗址再生

北杜伊斯堡风景公园曾经是一个炼钢厂，风景园林师彼得·拉茨称它为“在现存的场地中设计”，设计始于场地分析，摒弃审美偏见，单纯地、历时性地看待场地。伊丽莎白·迈耶提出了图形化场地的概念，将场地视为地理、水文等景观结构。她认为场地不是等待设计的，而是被占有的。近年来的后工业场地设计深受这两种理念的影响，前者强调对场地的理解，后者为废弃场地设计提出了巧妙的、战略性的方法。

为应对城市人口的增长，需扩展城市的物理空间或者加大人口密度。由于缺乏绿地或出于保护绿地的考虑，城市将目光转向遗留的工业用地。这些场地在 20 世纪早期发展为工业用地，遍布城市周边。它们还具有便利的基础设施，邻近海边。

后工业景观具有危险性，但同时又是文化记忆和文化认同的载体，指引未来。后工业景观是城市的骄傲与象征，它们通常分布在蓝领社区，地皮具有潜在市场价值，房价低廉。但后工业场地通常被污染，清理场地需要较高成本。后工业场地集聚工业革命留下的物质和环境遗产，是工业原料提取、加工、运输、丢弃的场所，废弃的矿、工厂、铁路和垃圾填埋场遍布其中。

理查·黑格（Rich Haag）设计的西雅图油厂遗址公园（建成于 1975 年）是第一批融合工业元素的风景园林设计作品。黑格的油厂遗址公园和彼得·拉茨的北杜伊斯堡风景公园（建成于 1991 年）显示了 20 世纪“工业庄严”的审美观，一反传统观念，即认为工厂和铁路是巨大的、可怖的。大部分工业场地的尺度较大。后工业景观还受到来自其他领域的专业人士影响，如描绘机器和工厂的画家查尔斯·希尔勒（Charles Sheeler），使用工业材料的雕塑家伊娃·黑塞（Eva Hesse），大地艺术家罗伯特·史密森（Robert Smithson）等。史密森曾说“我喜欢与场地的历史信息合作”。他的作品和当前很多后工业景观作品一样，使场地有序发展，通过保留工业遗迹、美化工业废墟，展示场所的历史信息。

后工业场地通常具有复杂的生产历史。未开发场地的杂草植物中可能再度出现生态结构，在非本土环境中，可能有外来物种生长。工业区的基础设施、建筑、土壤可能具有危险性。工业场地荒废后，往往用作其他用途，从而产生了场地的历史。彼得·埃森曼（Peter Eisenman）在其著作中表达了后工业场地应深刻反映场地历史变迁的观点。

位于澳大利亚悉尼的帕丁顿水库花园，是基于遗留的维多利亚时代的水库建设的花园，揭示了场地多样化的历史。场地经历了一系列变迁：水库，加油站，车库，社区公园，荒废场地。新公园将场地的全部历史融入到了设计中。

位于以色列特拉维夫的雅法（Jaffa）垃圾填埋场公园场地具有痛苦的、有争议的历史。面向大海的斜坡是雅法阿拉伯镇的海滩，在城市并入特拉维夫之后变成了垃圾填埋场。垃圾填埋场堆满了毁坏的阿拉伯房屋的碎石，碎石越堆越高，最终遮住了从雅法望向大海的视线。公园作为恢复花园，从不同角度讲述了场地的历史。

在费城的救世军（慈善机构）克罗克中心，项目展示了场地中工厂的历史及区域的生态潜能。工厂遗留了大量严重污染的土壤，一部分需要移走，另一部分需要保留。修复过程构成了场地的特征。土壤的填挖方在场地中形成了起伏的地形，创造出草坪、山体和湿地。修复过程跳过场地的工业历史时期，而追溯到史前的生态过程。

位于法国里尔的杜宇勒河河岸的可持续发展区域，展现了场地的文化和自然历史。该场地曾经有一个建在干涸湿地上的纺织厂。场地的再开发工程恢复了湿地的生态功能，并建有净化和冷却雨水的雨水花园，防止污染杜宇勒河。雨水花园成为纺织厂遗址的前景，将水和小路联系在一起。场地的材料参照其工业历史，展示了景观的文化和生态生产力。

在伦敦西部，诺斯拉野地公园中有四个圆形小山。小山来自于场地周边废弃项目的材料。场地虽然没有工业历史，但引进了工业材料。公园使用周边遗留的工业材料，且自行筹集建设基金。场地的后工业特征通过持续发挥作用的生产性资源体现。

后工业场地具有丰富的可能性。尽管它们有很多棘手的问题，如克罗克中心的污染问题，但它们也具有物质、文化和生态资源来追溯场地历史。哈格里夫斯事务所设计的拜斯比公园（建成于 1991 年）位于加利福尼亚州帕罗奥图市，通过以下资源组织场地——文化资源如美国本土工艺品，自然资源如海湾湿地、海鸟和风，非自然资源如垃圾填埋场的垃圾分解过程、沼气生产和沥出液等。严谨的场地分析为独特的设计奠定了基础。当我们在城市中寻找新的设计场地时，会不断遇到有毒的、丑陋的、危险的场地。本章介绍的项目展现了场地的工业历史，并对工业遗址进行改良，或整合其他历史。我们需要真诚和勇气来审视这些场地，它们促使新的设计策略和设计形式的产生，并展示社区文化历史。

社区公园重建——包括屋顶草坪、下沉花园、废弃蓄水池改造的内庭

澳大利亚，悉尼

设计：JMD 设计公司 [雷德芬（Redfern），新南威尔士州]，风景园林师

Tonkin Zulaikha Greer（悉尼），建筑师

建成于 2009 年

12.43 英亩 /5hm^2

2.1 帕丁顿水库花园

在废弃水库上新建的公园追溯了场地的历史

在帕丁顿水库花园中，废弃的工业基础设施反映了场地的真实性，将历史材料和形式用直观或隐喻地方式表达出来，同时改善小气候为社区提供一个配置多样和有社会意义的公园。公园融合了下沉广场的形式、工业废墟的历史和绿色屋顶技术，这三者彼此平衡，构成城市的庇护所和根基，延续城市历史精神。

悉尼帕丁顿社区的废弃地下水库顶部的社区公园，已有多年历史。1991 年，水库顶部倒塌，社区公园停止使用，周边社区急需新的开放空间。JMD 设计公司（风景园林师）和 Tonkin Zulaikha Greer（建筑师）重建了水库花园，为悉尼创造了新的城市公园形式。风

景园林师利用场地现有设施展现城市的历史、气候和社会环境。在重建基础设施的过程中，设计师减少材料使用、减少建设成本，创造出独特的城市公园。

公园的设计理念是重现水库顶部坍塌前的场景。水库建于19世纪末（两个内室分别于1866年和1878年开放），水库在1899年废弃，因为城市的发展超过了水库的承载力。随后，水库先后被用作车库和服务站，后来水库上层长满植物的区域被用作公园，下层被用作车库。水库顶部坍塌后，公园和车库关闭，城市开始寻找加固水库、重建公园的途径。设计师从水库的形式、光质和材料中找到草坪之外的其他设计元素；从涂鸦等体现水库历史的实物中与历史对话。

这幅早期的水彩草图显示了下沉花园营造了一个静谧、梦幻的冥想环境

公园中心是下沉花园，水库顶部是草坪，路旁有休憩区。下沉花园是公园中独特的部分。

水库的再利用营造了多样的小气候：封闭的、缓冲的、暴露的

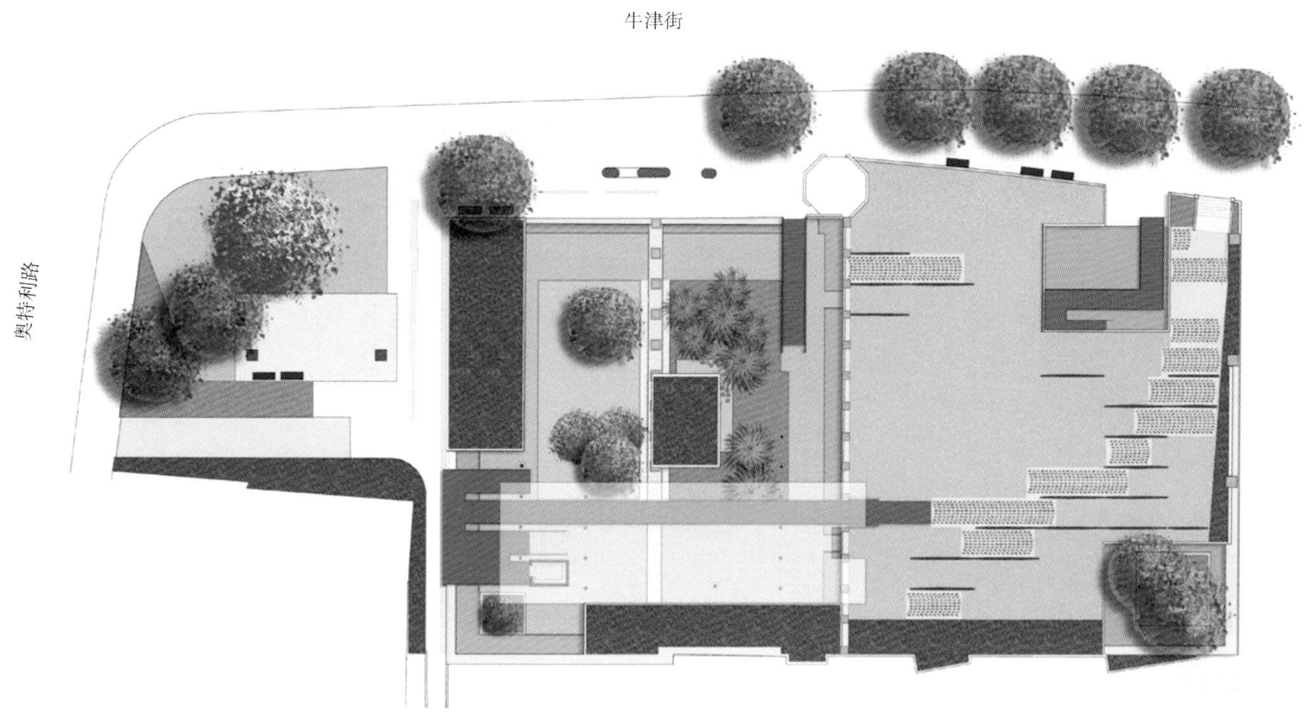

牛津街

奥特利路

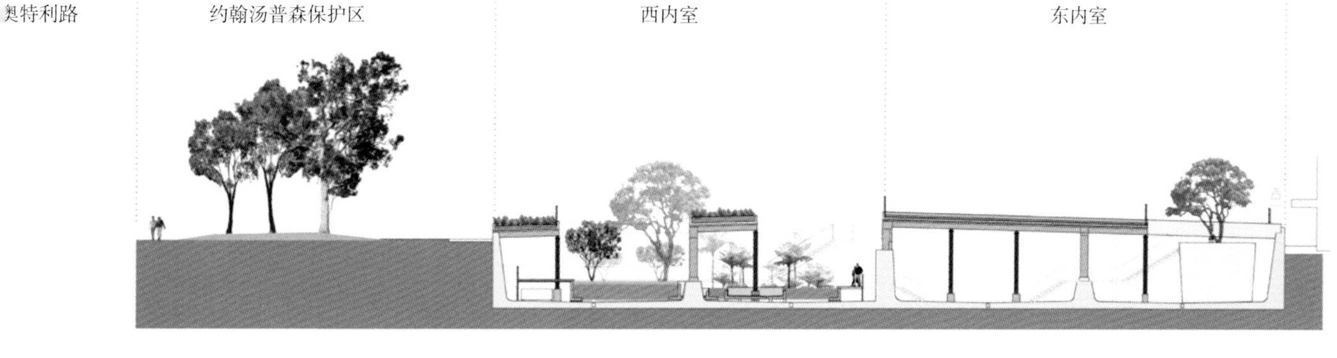

奥特利路　约翰汤普森保护区　西内室　东内室

这个废弃场地充满历史遗迹：维多利亚时代水库的拱顶，车库使用时期遗留的坡道和以前的人们留下的涂鸦

风景园林师将公园置于地下，和“与外界分离的公园不会取得成功”的传统观点相悖。20世纪中期的下沉广场缺乏安全性，游客在其中会感到压抑、缺乏安全感。同时，监管的缺乏会使游客做出违反法规的事（如老帕丁顿水库上的涂鸦）。但是在帕丁顿公园，现有的设施被充分利用、地上和地下的空间丰富多变、光照充足且富于变化，且公园不定期选择性关闭，具有安全性。此外，公园还为居民提供了远离城市喧嚣的世外桃源般的场所。

利用废墟展现场所历史已不是新的设计手段：英格兰威尔郡的斯托海德园、西雅图的油厂遗址公园以及其他同时代的作品，都将工业遗迹作为联系人、历史和场所的手段。艺术家如比莱兰斯（Piranesi）、查尔斯·西尔勒（Charles Sheeler）、罗伯特·史密森等也关注到工业遗迹的美和庄严。市政府和私人机构逐渐接受了这种审美观，将工业遗迹的重塑作为表达历史和再利用现存基础设施的手段。帕丁顿水库花园展现了场地多样的历史，并与周边社区相联系。砖制拱门和拱形房间是维多利亚时代的写照，蕨类植物花园则反映了维多利亚时期蕨类植物种植的历史。亮红色长凳放置于先前水泵所在处，影射这里曾经作为社区公园和服务站的历史。柱子上的涂鸦不是某种拙朴艺术，却反映了周边居民使用场地的历史。脆金属台阶、顶棚、水库顶部的混凝土和植被层以及正在使用的照明设施则是当代场地的写照。

场地使用的历史将公园与周边社区联系在一起，而公园的其他特质则让其与周边社区相分离。公园抬升和下沉的部分让游客远离周边社区的干扰。在公园下沉部分，植物、水和树荫创造出凉爽的小气候。树荫防止金属吸收热量，植物的呼吸作用和水体蒸发也起到降温作用。在炎热的城市中，公园的小气候条件让其与周边社区分离开来。

公园的抬升部分位于水库的东内室顶部，反映了场地历史。顶部草坪略微高于街道，可通过台阶或花园东部上方的人行坡道到达。下方的拱形构筑物决定了草坪的组织形式，含有回收砖块和钢的混凝土步道亦根据拱顶的位置排布。在水库倒塌的顶部下方种有树木，它们最终会高出草坪。新建藤架也依据拱顶的模数组织排布，其材料为穿孔金属，反映了水库砖块的排列方式。沿街的喷泉让人回想起水基础设施，沿街排布的红色长凳则展现了曾经的气泵的形状、位置和颜色。

保存历史遗迹：遗留的柱子和拱廊被用作亭子和人行道

公园的下沉部分也表达了场地历史，但其表现方式更加直观。墙、拱门精心排布，构成下沉花园的组织结构。大部分顶棚转移至东部，下沉花园以前充满积水，现在则由素馨花花园和蕨类植物园组成，两个园子被砖制拱门分隔。一小部分拱门位于西部边缘，拱顶用混凝土加固，并覆盖有种植钵。东内室的砖制拱券多柱式建筑大厅具有彩色照明设施和充满年代感的涂鸦，吸引公众。

下沉花园对场地历史的表现方式也有隐喻的一面。与周边柱子保持一定距离的水池使人联想到先前水库中的水。蕨类植物园

隐喻历史：盘旋在空中的新建人行道连接了街道和顶部草坪

反映了维多利亚时代的特点，花园边缘抬升的木板路依照拱顶的排布节奏布置。历史的隐喻回避了真实的历史，使人与历史实物保持一定距离。

历史将公园与周边社区相联系，而抬升和下沉花园的区分以及小气候则将公园与周边环境分割开来。抬升的部分高出周边社区，下沉的部分则为游人提供了远离都市环境的世外桃源。下沉花园宁静、封闭。公园是城市中的保护区，拱顶和高架的人行道提供的荫庇营造了凉爽的环境。通过协调场地与周边环境的关系，设计师创造了根植于当地历史和气候的独特公园。

将垃圾填埋场改造为具有海滩、漫步道、圆形露天剧场、开放空间和花园的区域公园

以色列，特拉维夫

设计：Braudo-Maoz 风景园林公司（拉马特甘，以色列）

建成于 2010 年

50 英亩 /20hm^2

2.2 雅法垃圾填埋场公园

种满棕榈的小路将雅法的街道与大海联系起来

雅法垃圾填埋场公园所在场地具有悠久的自然和社会历史。风景园林师布劳多·毛兹（Braudo-Maoz）移除垃圾填埋场、重建海滩，以改善场地环境、取得社会话语权。项目移除了雅法具有争议的历史时期的遗迹，重建与海洋的视觉、气候和物质联系，重塑城市特征。该公园是以色列最大的重建项目，建设材料超过一百万吨，来自场地及其他项目中废旧材料的再利用。

雅法位于以色列特拉维夫南部，是繁荣千年的海港。雅法还是希腊神话中珀尔修斯营救安德洛墨达的地方，也是约拿前往他施的出发点。20 世纪初，雅法是个富庶的地方，主要居民是穆斯

20世纪70年代，碎石堆已有50英尺（15m）高，大部分碎石来自拆毁的阿拉伯社区，碎石堆阻断了雅法与大海的联系

公园的新地形重建起城市与大海之间的联系，让海风吹进城市。1300英尺（400m）长的沙滩供人们晒日光浴、去海里游泳

林阿拉伯人。历史上，雅法居民包括阿拉伯人、犹太人和基督徒。1948 年独立战争结束后，大部分富有的阿拉伯人逃离雅法。1950 年，雅法并入特拉维夫。雅法面向海边的斜坡被用作城市垃圾填埋场，堆积了 130 万吨建筑废料，大部分废料来自于拆毁的阿拉伯人住宅。20 世纪 80 年代，阿拉伯人要求停止垃圾倾倒。当时，垃圾堆已有 50 英尺（15m）高，成为罪犯的聚集地，并且遮住了阿亚米望向大海的视线、阻挡了海风。非法的垃圾倾倒仍在继续，造成了空气污染、水污染和火灾。

2003 年，随着对环境的重视，特拉维夫 - 雅法提出了海岸线总体规划。规划将新的基础设施与现有海滩和漫步道联系在一起，创造出可持续的主动或被动的休闲环境。新海滨公园是海岸线网络的一部分，海岸线连接特拉维夫海岸，从海尔兹利亚（位于特拉维夫北约 5 英里或 8km）到巴特亚姆（位于特拉维夫南约 2.5 英里或 4km），长 8.5 英里（13.7km），联系沿海的一系列社区。公园为周边社区提供了休闲空间，漫步道加强了公园与更大的公园系统之间的联系。蜿蜒的木板路向北穿过堆石护坡，向南穿过沙滩，将大海与土丘、运动场、休闲区域联系在一起。三条林荫小径将公园与周边社区联系在一起，并提供荫凉。

公园的护坡种满了乡土野生花卉

公园在不回避城市创伤的情况下治愈了城市的伤口。重建的海岸联系了周边社区，讲述了城市的新故事

路面铺装材料来自于回收的碎石，大部分碎石来源于阿拉伯人被拆毁的房屋

公众参与在项目决策和再生过程设计中至关重要。为建立阿亚米与大海之间的联系，需要移除存在了 30 多年的垃圾堆。持续的垃圾倾倒使海岸线向海洋前进了 650 英尺（200m），当地的沙滩也被冲刷掉。最初的估计是 12 万货车量的材料需要被移走。当地居民担心 18 个月的垃圾移除过程会产生噪音、灰尘，且阻碍交通。因此，最终决定对材料进行重复利用，将材料分类和研磨的设备运进现场。最终剩余 3 万货车量的垃圾需要移除，比初步估计减少了 75% 的货车量。材料的再利用不但降低了对周边社区的

影响，而且使项目成本减少了 70%，降低了新材料可能产生的能量成本。

公园的植物种植面临巨大挑战。2008 年秋天，特拉维夫已连续经历了四个干旱的冬季，面临创纪录的缺水，政府禁止建设草坪和装饰花园。此时雅法垃圾填埋场公园的建设已接近尾声，但是护坡上满是灰尘或充满泥泞，并在逐渐腐蚀。最终，考虑到公园的重要性，政府允许在护坡上种植抗盐碱、抗旱的草本植物，用脱盐海水灌溉。场地中的土壤是回收的，在公园建设过程中，实验花园中种植了一千多种乔木、灌木、草本地被，以检验土壤的生活力，最终表明土壤是适宜的。

新的沙滩由回收的废弃材料建成。一条小路表明了历史上海岸线的位置。引导标志表征了海岸线的变化

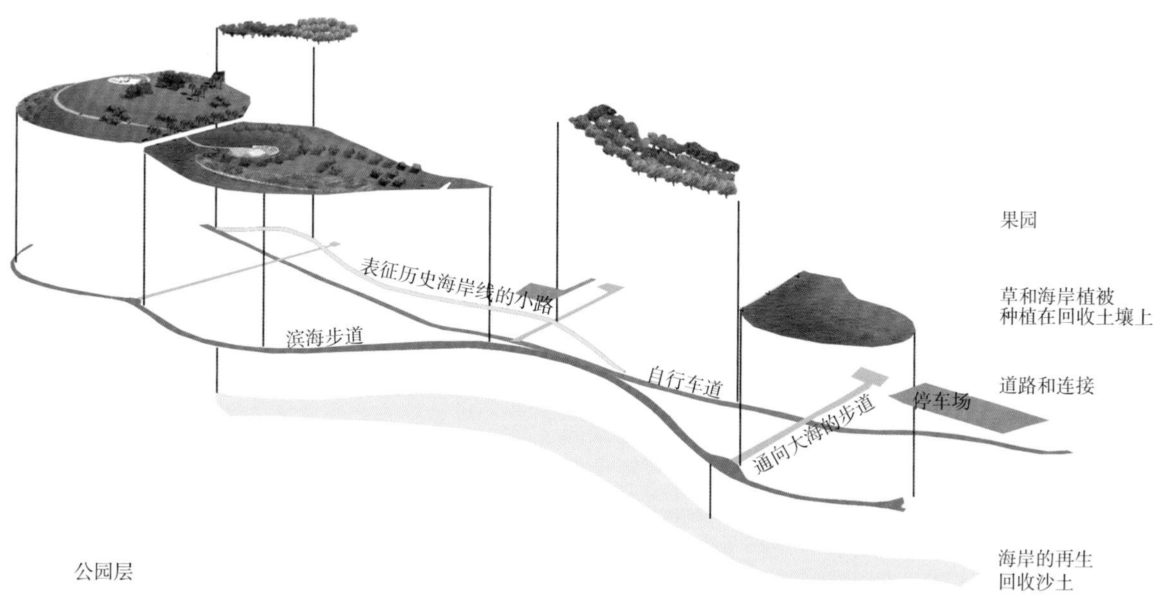

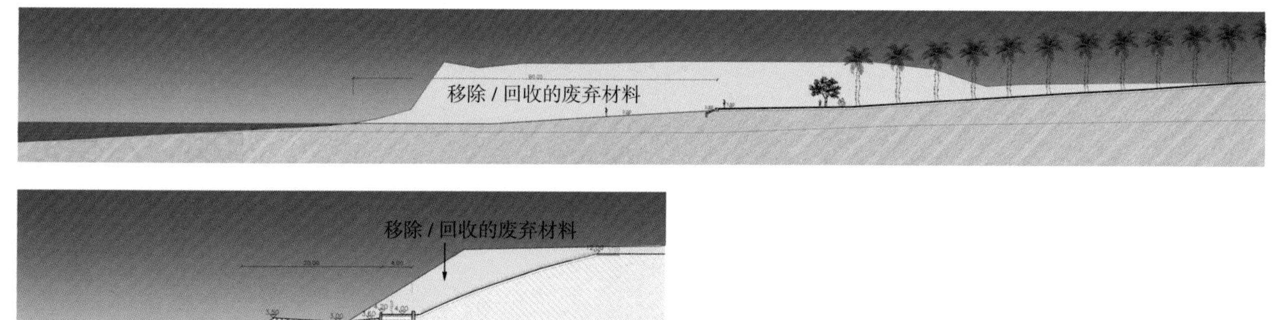

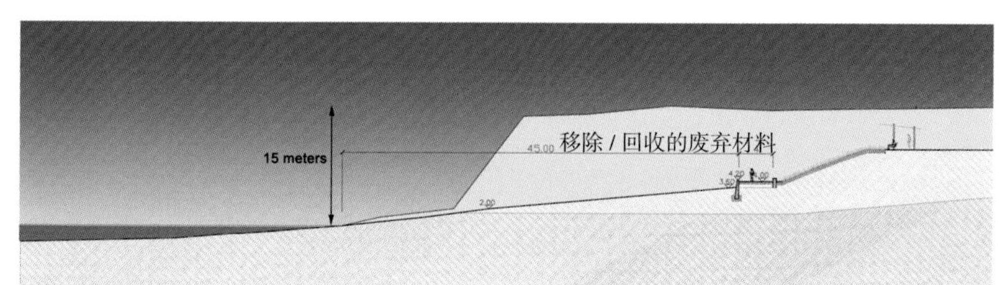

观景平台横穿海滨的堆石护坡，使人行道延伸向大海

为重建公园，120万吨的废料被移除、分类、粉碎。三分之一的废料用于重建土壤、沙滩和道路。剩余的废料运至其他场地，用于修建道路

雅法垃圾填埋场公园与历史紧密联系，设计元素融入了场地的社会历史。一条小路沿着历史上的海岸线布置，但是海岸线移动的原因还不明确；沿海的拆除和填充的历史也是无记载的。小山顶部的路面材料来自于垃圾填埋场以及被毁坏的房屋。这些材料隐含着场地中建筑物的使用、废弃、毁坏、回收的过程，也是公园的重要特征。一些人认为移除垃圾填埋场这一历史遗迹是错误的，但另一些人认为重建城市与大海的联系也是人应对困境的重要隐喻。这些历史是鲜活的，为人们参与场地历史创造了条件。

公园协调了其自然和社会环境，更新了社区与场地间的联系。设计几乎没有体现场地艰难的社会历史，但是移除令人厌烦的垃圾堆、回收利用废弃材料以建设健康场地、重建消失的景观都是大型的公众参与的项目，规模虽小却在改善环境方面做出了坚实的贡献。

棕地再生，将工业用地转变为拥有运动场、操场、花园、城市农场、沼泽的社区中心

宾夕法尼亚州，费城

设计：Andropogon 事务所（费城），风景园林师

MGA 合伙人事务所（费城），建筑师

建成于 2010 年

12.43 英亩 /5hm^2

2.3 费城救世军克罗克中心

在这个曾经被污染的场地上，道路、草坪、花园和田野为社区提供了游戏和休闲的场所

费城克罗克中心将曾经的工业遗址整合入一个经济、生态、环境和社会系统。通过对废旧材料的创造性再利用，场地将雨水引入低洼地和雨水花园，营造草坪和花园吸引游人，在城市中为鸟类和昆虫创造栖息地。在该项目中，场地的工业历史不是要解决的问题，而是设计创新性的来源。

费城北部，闲置的工业用地很常见。和美国很多城市一样，小型工厂被大公司吞并，工业制造转移至劳动力廉价的国家。2002 年，费城耐斯镇社区巴德公司的汽车和铁路工厂关闭后，这个 12.5 英亩（5hm^2）的场地被用作城市停车场。工业生产产生的

新的设计采用土壤修复的策略，狭道和低洼地组织了户外空间，为鸟类和昆虫营造了栖息地

12.5英亩（5hm²）的场地中有大面积的铺装，土壤自工厂时期开始被污染

熔渣污染了场地 75% 的土地。作为生态和雨洪设计的专家，费城的 Andropogon 公司拟将场地变为富有生机、与周围充分联系的新型社区中心，而不是污染的、与外界隔绝的。

新的救世军社区中心大楼为社区提供了体育馆、游泳池和交流空间。场地中设置有休闲、社交空间和花园。场地中心是一个多功能缓坡草坪，作为聚集和表演场所。四个雨水花园环绕草坪，是聚集空间与休闲活动空间的过渡地带。休闲活动空间包括运动场、游戏场和社交花园。法式花园强调了场地通向中心大楼的通道，行道树组成通透的社区边界。

场地南部是居民区，场地南部以铁路为边界，东西部以道路为界。进入场地的方式以汽车和自行车为主。风景园林师希望社区中心能促进社区的再开发。如果场地中的两个工厂和仓库在未来被重新利用，社区中心将成为通向场地北部的花园，自行车道和人行道将联系起场地北部和社区中心。

克罗克中心的工业历史为风景园林师发挥创造力提供了挑战。1915 ~ 2002 年，巴德公司制造汽车、轮子、火车、地铁，

在世界大战和朝鲜战争中发挥了重要作用。在工业生产的顶峰时期，近一万工人被雇佣。1972 年，公司总部搬至密歇根州的特洛伊，其他分公司逐渐关闭。2002 年，公司合并，Wissahickon 街工厂关闭。

工业生产期间，积存的原料和工业生产产生的苯并比和重金属污染了大量土壤。当时处理污染物的最好方法是深埋，尽管法规要求严重污染的土壤应移出场地。设计师通过大范围的填挖方工程来隔离污染土壤、保护地下水，将场地划分为若干空间。低洼地和栈道划分了草坪区、法式花园区、停车场区、运动区和城

市农场，并将它们与外界道路隔离。

地形、栖息地和水共同组织了场地。地形设计中，沥青被重新利用，污染土地被移除或隔离以保护地下水、创造休闲空间、将户外空间与周边的嘈杂环境隔离开来。生态设计创造出多样的生态型和小气候，为鸟类、昆虫和小型哺乳动物提供栖息地。雨洪设计通过雨水收集、径流净化和冷却、雨水渗透等来减少洪水侵袭，为动物提供水资源。小径和雨水花园划分了多样化的休闲区域。

场地中的沥青被粉碎并回收利用，整个场地被重新分级以修复被污染土壤

场地设计首先要考虑的问题是有毒物质的清理，污染土壤的移除为场地的地形设计提供了条件。Andropogon 公司通过分级设计来平衡填挖方量，以减少材料浪费、降低成本。初步计算显示填挖方量达到平衡，但在建设阶段土壤明显过量。风景园林师对场地进行重新分级，平均增加 8 英寸（20cm），为业主节省了 30 万美元的搬运和倾倒费用。这种设计方法也运用到了现存的停车场改造中。设计师力争实现零消耗设计。大约 12000 立方码（9175m^3）的沥青和混凝土路面、碎石垫板、废弃的铁路压载物被回收，用

作场地的装填物和垫板。场地中的狭道和洞是雨水流动的渠道，并充当区域之间的分界线。

设计团队为人和其他生物提供了健康的生境，地形则为生态多样性提供了骨架。狭道和低洼地营造了适合不同生态型的多样的小气候。场地中各区域种植乡土植物群落，包括低地、高地和湿地植物群落，为鸟类、昆虫和小型哺乳动物提供栖息地和食物，为迁徙物种提供休憩场所。设计团队对场地进行无偿监测，防止外来物种入侵，保证乡土植物群落在建设阶段得到恰当维护。设计还包括 1/3 英亩（13hm^2）的城市农场，与户外教室相邻。城市农场于 2013 年春天开放，具有生产、科普功能。

移除一部分土壤促进了场地的地形塑造，重整的地形可引导雨水、组织场地。雨水池划分了不同类型的休闲区域

通过平衡土方，户外空间中的土方阻隔了交通噪音，节省了大量建设费用

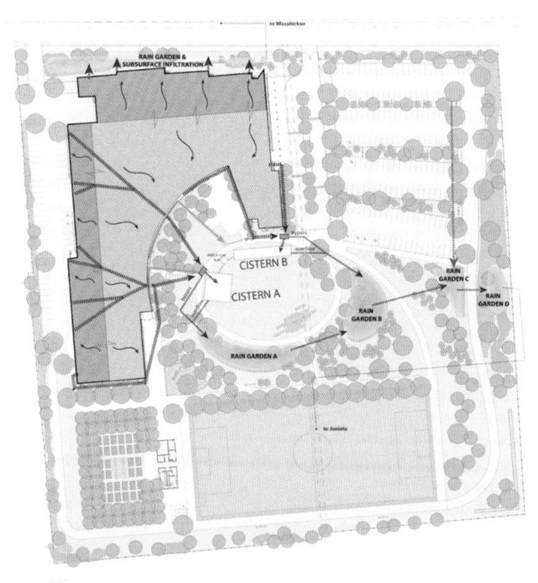

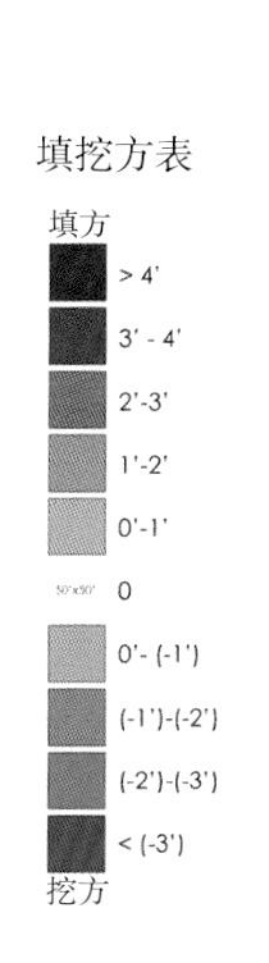

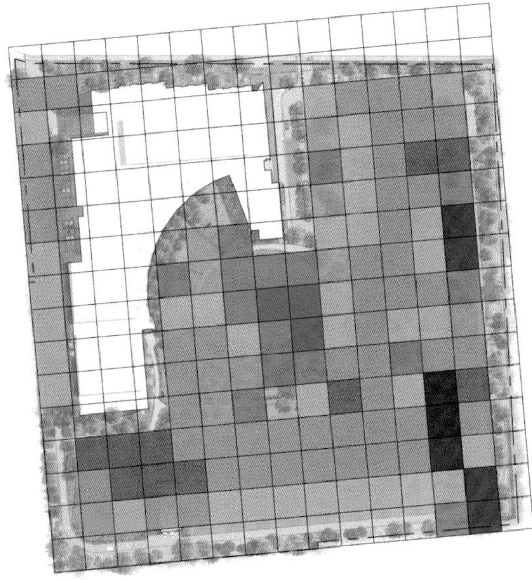

场地边缘种植有草地和灌木，阻挡了噪声、污染，为鸟类和昆虫营造了栖息地

雨水和空调冷凝水通过小溪进入蓄水池，水组织了景观空间

两个地下蓄水罐收集雨水以再利用。地表径流经过一系列雨水花园后流入城市雨水管理系统。花园缓冲、冷却、净化雨水，并使其下渗

水循环是第三个组织场地的要素。四个雨水花园收集来自建筑、硬质场地、停车场的径流。雨水流经湿地，杂物被清除，水被净化和冷却并渗入地下。威萨肯街旁的雨水花园收集来自建筑和街道中被污染的雨水。线型低洼地中的雨水被净化和冷却，但是不能下渗。蓄水池收集来自空气调节系统的水，用于灌溉。水在场地中汇聚成小溪，在夏季欢歌奔流。

克罗克中心为设施缺乏的社区提供了便利。它与城市的社会生境结构相联系，为人们进行休闲娱乐、交流及其他活动提供了场所。场地的工业历史使其充满大量沥青和污染土壤，但这些令人不愉快的现状被设计师视为创新的动力。

正如图所示，初步计算决定了场地中可回收利用的材料的量，并确定了回收材料的去向，如停车场和草坪的碎石基底，坡道的填充物。材料运输和处理费用的去除降低了项目成本

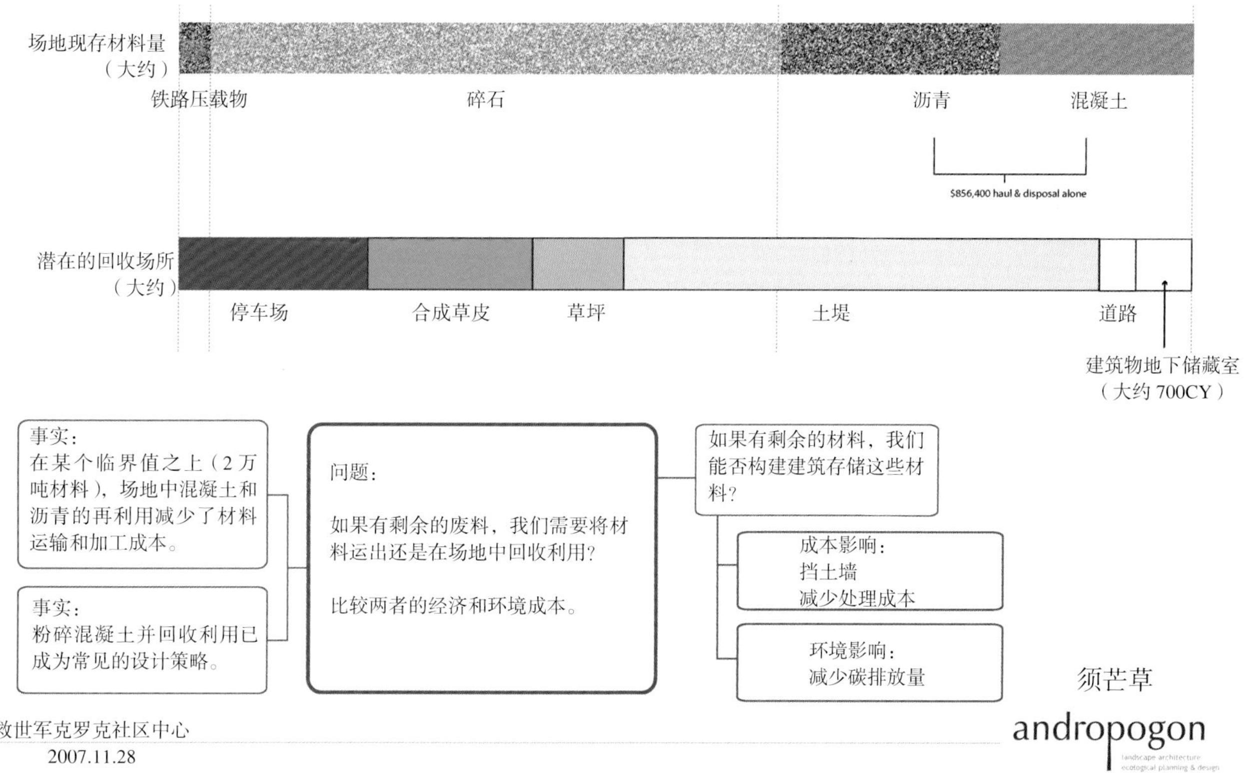

纺织厂和工业城的再生，创建包含住宅、办公场所、文化设施、水道、雨水花园的可持续的综合型城市社区

法国，里尔

设计：Paysages Bruel-Delmar 事务所（法国巴黎）

设计及施工时间：2008 ~ 2015 年

62 英亩 / 25hm^2

阶段 1 包含办公楼、广场、草坪、雨水花园：6.9 英亩 / 2.8hm^2

2.4 杜宇勒河河岸

水渠将水引至花园，将场地与历史联系在一起，并为休闲活动提供条件

预制混凝土铺装以及砖和玄武岩格栅象征了纺织厂的规模和材料

在法国里尔的杜宇勒河上游，棉纺织厂所在地将要被改造成适宜步行的社区。创新性的设计将场地历史、当代需求和未来的愿景交织在一起，将生态和工业作为城市设计的两条主线。利用场地的工业遗迹和材料构建水道和雨水花园，恢复历史湿地的生态功能。

杜宇勒河河岸的可持续区域利用水引导社区居民和游客、加强此地区与更大范围的社区之间的联系。南北向的水道贯穿场地，吸引游客走向杜宇勒河。中心轴线通过新建的桥将场地与河对岸的博伊斯—布兰克社区连接。码头前新建的东西向的步道激活了

杜宇勒河，并将场地与里尔的人行道基础设施联系起来。在场地中心，纺织厂大楼、大草坪、雨水花园组成了城市核心，承担着全球性贸易活动。草坪和雨水花园采用法国传统花园形式，反映里尔纺织工业的历史；通过提升水质、收集雨水来恢复当地湿地的功能。

里尔位于杜宇勒河沿岸，里尔所在地的生态系统满足文化需求。河流提供了便利的交通、稳定的水源供应，周边的湿地可抵御敌人的袭击。杜宇勒河向北汇入利斯河，是法国和比利时分界线的一部分，最终流入安特卫普的北海。杜宇勒河上游流经白垩土，历史上它蔓延到广阔的湿地。杜宇勒河下游流经黏土地带，这里河道曲折，界限分明。里尔位于这条通航河流的一端，连接富饶的土地和全球商业中心。

中世纪以来，里尔即以纺织业和服装贸易闻名。早期的制造业纺织羊毛，后期生产棉和亚麻制品。20 世纪初，城市南部的大部分湿地中的水通过排水沟渠被引走，以扩大纺织厂规模。土地

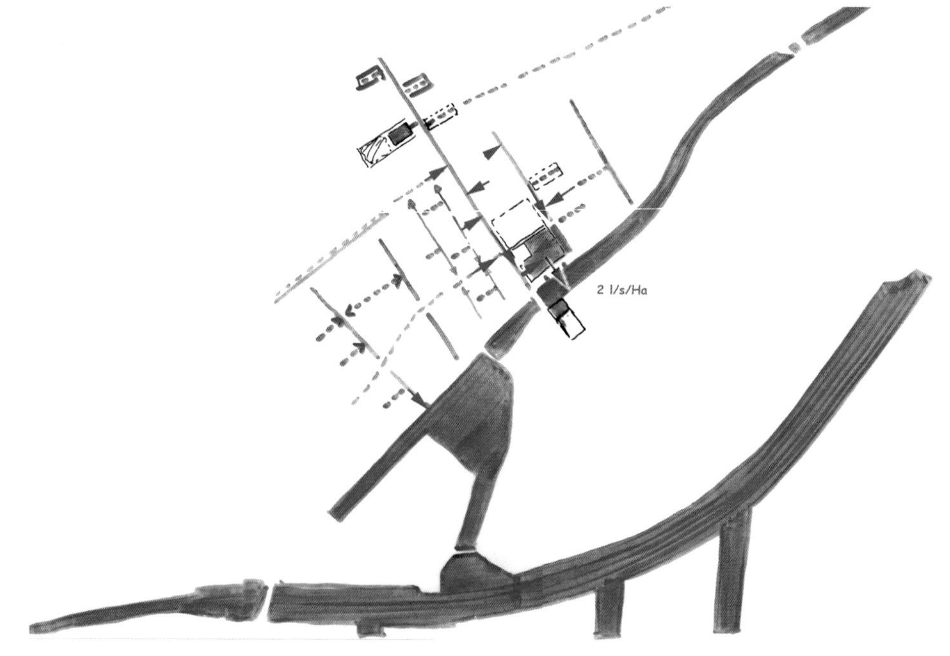

方案草图展示了场地的水基础设施。水通过管道（虚线）引入水渠（实线）。在项目第一阶段，水渠中的水均向南流入雨水花园，水在花园中净化后汇入河流（红色箭头）

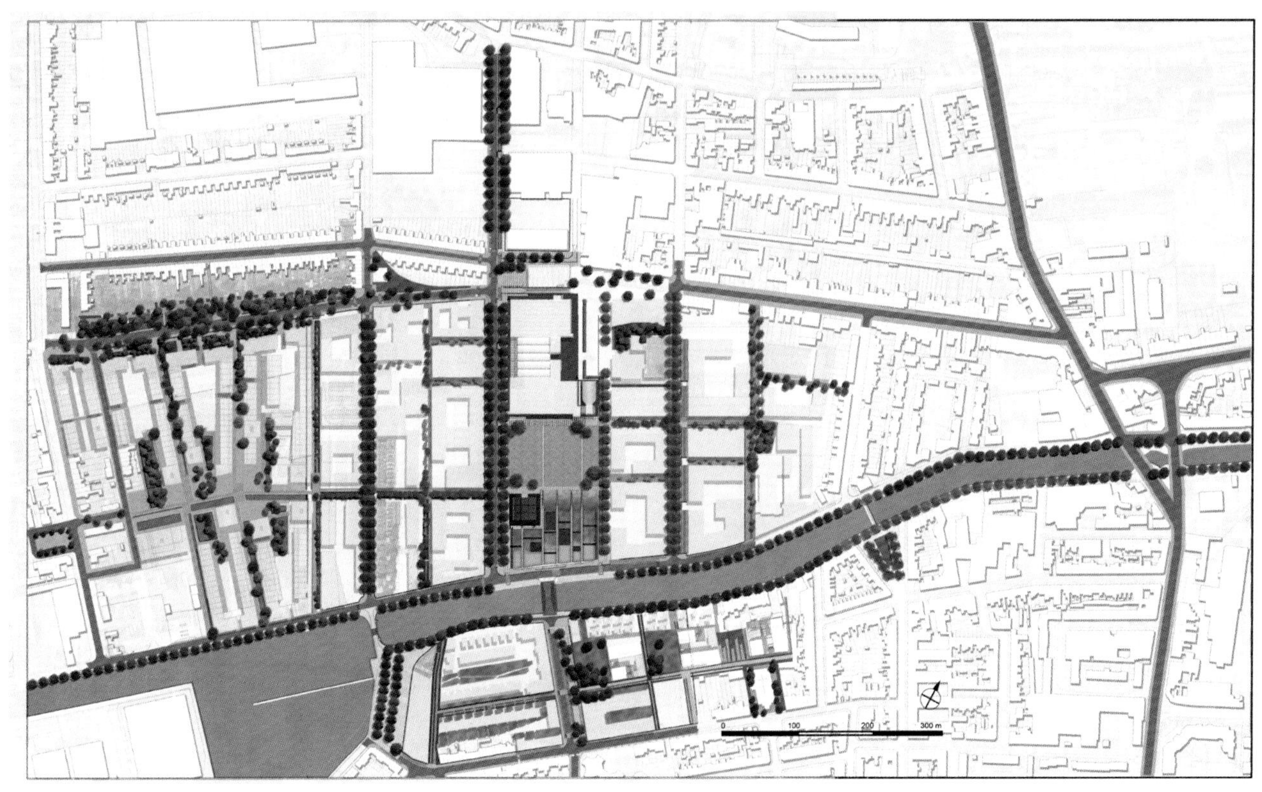

旧纺织厂（现为Eura技术大楼）、大草坪和雨水花园位于场地的中心，也是杜宇勒河道周边开发的核心区。小型水渠与行道树平行

被排水沟渠划分成若干狭长的地块，这些排水沟渠与杜宇勒河垂直。Le Blan 纺织厂于 1872 年建立，占地超过 6 英亩，周围是工人的住宅区。纺织厂建筑是 5 层的、带有文艺复兴风格尖塔的砖制建筑，成为场地的中心。这些狭长的、带天窗的建筑平行排布，邻近河道，内部放置纺织机器。该工厂于 1989 年关闭，当时正值法国纺织业危机，高昂的赋税和严苛的劳动法使法国纺织公司在国际市场上失去竞争力。

纺织厂所在地及周边的职工住宅区将被改建成一个包含居住区、零售区和办公区的综合空间，旨在进行城市和生态更新。第一阶段的工程是项目的核心，包括大型公众空间、街道景观和当地河道的改善提升，以及厂房的更新。Le Blan 纺织厂的重新开发展现了工厂的工业历史和湿地的生态历史。

场地通过实物、平面布局和材料展现了其工业历史。纺织厂建筑充满历史感，其细节丰富、带有雉堞状的塔和玻璃制的中庭，现在改建为办公楼。这个 19 世纪的工厂以其标志性的外形成为场地的焦点，建筑前面有运动广场，位于两条主轴线的交汇处。南部的厂房曾经是纺织厂，二十栋狭长的相连的建筑与河道垂直。一部分纺织厂所在地变成了雨水花园，六个线型水池标记了曾经工厂的位置。场地中的材料也反映了工业历史。水道由填充黑色石灰石的铁笼加固，上面有考顿钢盖板，钢桥跨越其上。场地中的设施有长凳、照明设施、系船柱、自行车车架等，使用锈钢板材质，象征场地中曾经放置的重型机器。地面铺装运用具有砖制边缘的预制混凝土板，黑色花岗岩路面则反映了工业建筑的材料和比例。

但是生态历史的恢复是不同寻常的。湿地排水的例子证明，水可以快速从场地排出。现在场地需要水元素作为里尔的象征，并用于场地指引。现在，场地中的水道引导行人沿着场地的主轴线行走，走向杜宇勒河道以及中心的雨水花园。河道和雨水花园

旧纺织厂被改建为研发创新信息科技的Eura技术大楼

预制混凝土道路横跨花园，钢桥则提供了休憩停留的场所

长凳、广场和钢桥提供了休憩和聚集的场所

不仅是视觉要素，还承担着湿地的生态功能。湿地具有大量的生态功能：收集雨水，移除污染物，通过植物及沉降过程净化水体，控制水温，提高生物多样性（尤其是食物链底端的动植物）。如果没有湿地，河流水温将会更高且易受污染，不适宜鱼类、小型哺乳动物和鸟类生存。杜宇勒河岸（Haute Deûle River）区域恢复了湿地的功能，回溯历史。水道与道路、工厂及以前的排水沟渠结合。它们收集来自道路和建筑的雨水，最终流入近2英亩（$0.8hm^2$）的雨水花园。雨水被花园收集并净化，最后流向杜宇勒河。

场地中有一系列的洼地、水道和池塘。广场和街道向南北向的水道倾斜。水道可通过沉降污染物来净化雨水，并提供近20英寸（50cm）的雨水存储量。雨水存储量是设计师面对不确定的气候变化模型时考虑的关键因素，可预测未来几十年高强度的雨水。水道及侧边成列种植的树木营造出优美的景观。可见，水、工业历史（通过石材和钢材反映）、令人愉悦的且适宜散步的社区是很重要的。从场地的水道结构到白色石灰石台阶溢出的水，场地中的水都是很受欢迎的景观要素。

杜宇勒河道与工厂建筑之前的南北向联系是区域的核心。大型公共开放空间为运动、休闲和社交等活动提供了场所。广场邻近工厂建筑，南部是大草坪以及与杜宇勒河道相邻的雨水花园。大草坪与雨水花园之间是湿地，花园自北边湿地处向南倾斜，南端比北端低约3英尺（1m）。装有钢筋混凝土支架的桥横跨雨水花园，将花园分成六个水池。薄钢板桥连接水池，为游人提供休憩场所，使游人沉浸在湿地的声音、气味和色彩中。雨水花园在收集、净化雨水的同时，具有观赏作用。植物按照修复功能、对

剖面显示了雨水花园倾斜的角度，倾斜的花园使水池具有不同的深度，可生长多样的植物群落

依据植物过滤污染物的能力选择水生植物种和边缘植物种

水深的要求和颜色配植。百合、风信子及其他湿生植物使水池呈现白色、蓝色、黄色和粉色等不同色彩。混凝土桥引导游人走向工厂建筑、杜宇勒河道和博伊斯—布兰克社区。钢桥则让人联想到场地工业历史和景观的生态愿景。

杜宇勒河岸区域将场地的工业和生态历史融为一体，表达了对未来的畅想。场地处于美丽的可漫步的社区和城市中，社区和城市具有生态功能并能灵活应对气候变化。项目的设计理念根植于场所的特征要素：杜宇勒湿地、里尔的纺织工业以及法国传统花园。水景组织、强烈的几何形式、工业材料、明亮的颜色以及长视觉轴线将场地与历史紧密联系，创造出具有光明未来的城市社区。

自筹基金的社区公园，拥有大地艺术、运动场、休闲区、垂钓池、湿地和模型船用池

英格兰的伦敦自治市——伊灵

设计：彼得·芬克，艺术家

伊戈尔·马尔科，建筑师

FoRM 事务所（伦敦）

彼得·尼尔，生态学家

LDA 设计公司（伦敦），风景园林设计

建成于 2008 年

45.7 英亩 /18.5hm^2

2.5 诺斯拉野地公园

诺斯拉野地公园中，土丘由近两百万立方码（150万m^3）的建设废料堆成

本项目将严峻的场地条件和受约束的社会条件转化为新型公园。项目场地邻近高速路，嘈杂、多风、污染严重、易受洪水侵袭，且缺乏资金。设计师用几十万吨干净装填物创造出大地雕塑，并通过收取倾倒费用赚取收益。艺术化的土丘和蜿蜒的水道解决了公园的实际问题，并提供了休闲空间、维护了生物多样性、创造出独特的大地艺术，吸引游人。

公园邻近 A41 高速路，四个土丘神秘地伸向天空，路过的人可能会以为这些是古老的山丘。山坡上野花盛开，一条小径盘旋至山顶的观景平台，供游人俯瞰周边景观。土丘的外形古

雨水经湿地过滤后，流入当地的小溪

雨水流经六个不规则的鱼池，之后流向收集雨水的湿地

诺斯拉野地公园与区域的公园系统相连，是积极的休闲活动区的一部分

早期的草图展示了主要的景观类型：林地、草地和湿地

土丘使运动场、池塘免受高速路的噪声和污染物影响

老而神圣，充满优雅的诗意。土丘来自于施工的废料和拆除的工程项目，土丘的建设为公园提供了资金，并成为伦敦西部的地标。

诺斯拉野地公园方案来自于2000年的设计竞赛。1997年，伦敦西部自治市伊灵购置了这块场地，但是没有资金建设公园。为寻找创新的、成本低廉的方案，市政府举办了设计竞赛，要求运用大地艺术。FoRM事务所考虑到场地易受洪水侵袭，认为在土方平衡的情况下不能实现大地艺术创作，场地需要更多的填方来构建视觉标志、建设环境缓冲带和旱地。如果场地需要引进填充材料，何不利用此条件赚取收益？设计师将废料填埋作为建设的一个环节，以赚取收益、获取大地艺术创作材料、加强地方认同。

引进的材料被加工成四个圆形土丘，60英尺至100英尺（20～30m）高不等。土丘减弱了高速路对公园产生的噪声、污染物和视觉影响，并为休闲活动提供了条件。土丘可供游人散步、跑步、骑行、滑雪橇、观赏伦敦天际线。新规划的水道为养鱼塘和模型船池塘提供水源，两个池塘是很受欢迎的娱乐场所。设计师在原来平坦、易受洪水侵袭的场地中开辟了大量湿地、树林，发挥生态效益。场地多余的雨水在新建湿地中被收集、滞留、净化，之

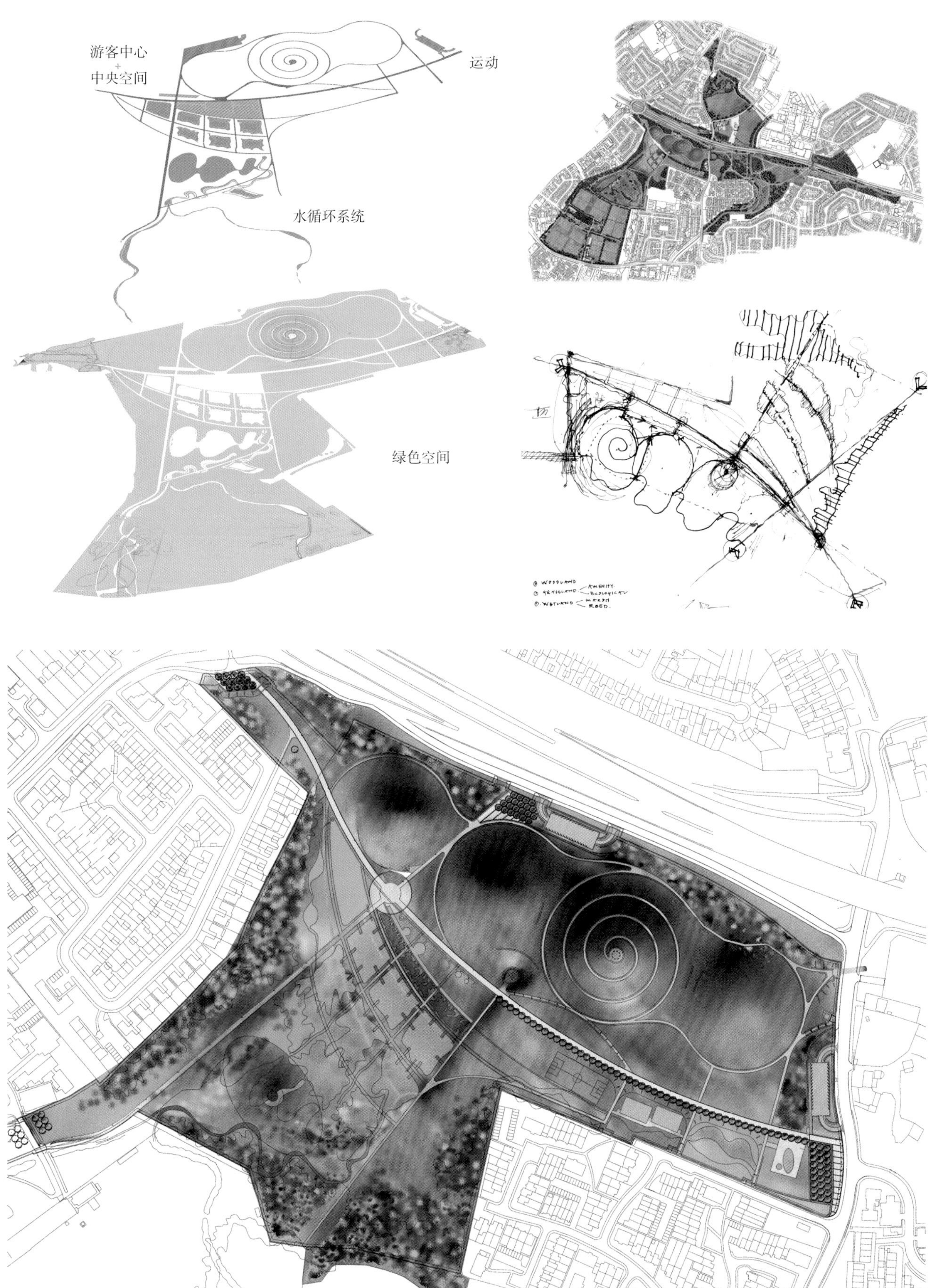
游客中心
+
中央空间
运动
水循环系统
绿色空间

后流向当地的小溪。

景观建设过程蕴含在材料的使用和生产中，因此设计师提出了自筹资金的创新策略。设计师认识到诺斯拉野地公园是城市建设的一部分，一个场地产生的废料可被其他场地利用。

伊灵市从伦敦周边的拆除或建设项目中收集洁净的填充材料，这些项目包括旧温布利球场和大厅的拆除项目，希思罗机场 5 号航站楼建设项目。填充材料既为山丘的创作提供了原料，又为公园建设筹集了资金。近两百万立方码（150 万 m^3）碎石的倾倒费用为公园筹集了近一千万美元（550 万英镑）的资金。公园建设还节省了 16 万辆货车共 200 英里（320km）的运输行程，产生了积极的环境影响。

公园大量使用回收材料。公园对场地中现存的材料进行回收利用，路面使用花岗岩嵌卵石铺装。从其他场地运进的材料也经历了重新使用的过程，但是来源需要确认。混凝土碎块被重新使用于碎拼混凝土道路中，大块混凝土碎片用于填充盘旋山路上的

挡土墙和石笼长凳。回收的铁路枕木被加工成木料，用于制造长凳和垃圾桶。材料回收再生的第三种形式是将工业材料重新加工，如将玻璃或塑料加工成新产品。在诺斯拉野地公园中，回收的塑料用于垂钓平台、道路边缘，这种耐用、稳定的材料适宜用在潮湿的环境中。

FoRM 事务所将新公园融入生态环境中，提供多样的生境、并维护生物多样性。公园具有多种生态类型：水体、边缘水生生物、草地、边缘灌木群和树林。现存剩余的林地被整合入公园边界更大的树林中，将内部开敞的草甸和周边的道路、社区分隔开来。草甸是公园的主要生境，由于具有不同的土壤、植被和维护机制，因而具有多样的植物群落。公园与皇家空军诺霍特机场邻近，因此生境主要为小型鸣禽设计。公园设计了三个大型湖泊，可划船、垂钓，为生物提供栖息地。三大湖泊被划分为若干小型池塘和湿地，防止大型鸟类栖息。雨水和地下水流经六个垂钓池、一个模型船用池和若干栖息地池塘，最终汇入湿地和溪流。

土丘在冬天可供游人滑雪

草地是主要生境，因土壤、种子和生长季的不同而生长着不同的物种

公园还是重要的城市和文化资源。公园平衡了可提供主动和被动休闲活动的城市生境、人与自然亲密接触的栖息地生境和人不易接近的生境。公园的道路与邻近的公园相连，与诺霍特和格林福德郊野公园中的休闲路线相接，组成 250 英亩（100hm^2）的开放空间网络。最高的土丘上有通向山顶的路，除此之外，登山者还创造出连接四座土丘的小路。两个游戏场地为儿童提供了活动空间。一个是色彩丰富的小型土丘，游戏设施供儿童使用，种植池边缘的木桩供成人休憩、平衡木供儿童使用。另一个游戏场中，木材建造成蜻蜓和贝壳的形式，卵石、木材和混凝土填充的石笼为儿童提供了游戏的材料（石笼座椅和挡土墙很受孩子们欢迎，他们攀爬、做平衡运动、蹦跳）。草地和半正式种植床的座椅区为交流、野餐、观景等休闲活动提供了场所，正如最高土丘顶

部的观景平台，可供人们在宗教节日举行晨礼。

正如石笼让孩子们开心快乐，诺斯拉野地 公园中建筑废料的再利用和由此带来的财政收益促成了诗意的大地艺术、生态效益和休闲娱乐空间的产生。

游戏场色彩丰富的土丘让人联想到公园外部的地形

第 3 章

植物型建筑

绿色屋顶和绿墙

绿色屋顶和空中的秘密花园总能使人特别愉悦。走上楼梯，打开通向屋顶的门，进入郁郁葱葱的花园（giardino segreto），被蕨类植物和花包围，看鸟类和蝙蝠突然向矮墙俯冲，是在城市中居住独有的乐趣。绿色屋顶和绿墙越来越常见，也愈加精致、美观。它们是精心设计的场地，而不是简单的解决问题的途径。

最早的绿色屋顶来自斯堪的纳维亚的草房。房子的木结构框架被厚重的石头和草皮墙覆盖，块状草皮像砖一样错综复杂地组织在一起。屋顶的木板覆盖在椽上，木板上是薄树皮层，树皮层上面是两层草皮。土块和屋顶的倾斜角度使大部分水流向屋外，但是草房子依然潮湿。

直至20世纪70年代，德国的现代绿色屋顶系统才发展起来，且至今也没有多大改变。绿色屋顶通常由防水薄膜、排水层、土壤层和植被组成。第一代现代绿色屋顶的出现是为了增大环境效益，它们通常具有薄的土壤层和耐旱植物如景天、长生草等。绿色屋顶获得了大量经济和环境效益。屋顶上的植物通常不以社会和美学价值为主，因此一般不能为人接近（事实上，很多耐旱植物都具有美学价值）。成本较高的绿色屋顶，土壤层较厚，所需灌溉水量更多，灌木、乔木等植物更多，并有硬质铺装作为活动场地。乔木周边需要厚的土壤层，但薄土壤层可以减轻屋顶的重量，两种互相矛盾的要求促使具有创新性的绿色屋顶的产生：通过台阶、土丘和台地增加土壤容量，进行复杂、多层次的植物配植。

同样地，第一代绿墙是常春藤或其他藤本植物攀缘的建筑前面。植物型墙面有两种类型：绿色立面（green facades）和活体墙（living walls）。绿色立面由藤本植物或其他攀缘植物组成，植物根植于地上或种植钵中，或垂悬于矮墙之上。活体墙是连续的植物种植面，种植板、种植团、种植网格均是常见的施工技术。

植物型建筑——活体屋顶和活体墙有大量优点。出于实用和道德方面的原因，业主可能希望用植物覆盖屋顶和墙面。屋顶花园和活体墙提供了庇护场所，并使人愉悦。无论采取草坪还是草甸，色彩丰富还是茂盛的花园的形式，屋顶和墙都会形成纪念型景观以吸引游人，并通过为鸟类、蝴蝶、昆虫和微型无脊椎动物提供的栖息地来呈现当地环境。

2010 夏天，欧洲环保局安装了活体墙作为临时装置。活体墙有钢结构的框架，填充含有土壤和植物的嵌板。土壤袋和综合灌溉系统是活体墙的改进之处。新技术促进了活体墙伦理和美学价值的提高。种植图案来自于欧洲的生物多样性图，让游客认识到生物多样性的重要性，并用当地花卉和果实吸引鸟类和昆虫。垂直的种植花园像茂盛、色彩丰富的织锦，使公共空间充满活力。

纽约林肯中心安置有另一种形式的绿墙。绿色的、魔幻的草坪薄毯覆盖在玻璃餐厅上。双曲抛物面亭的屋顶绿化采用最简单的种植形式：草坪。薄而弯曲的屋顶让人惊喜愉悦，这是建筑师和风景园林师合作的结果。屋顶的一角与广场相接，是走向弯曲的草坪屋顶的入口。

在巴塞罗那 TMB 公园，公共汽车停车场插入山坡中。停车场 4.5 英亩（1.8hm^2）的屋顶开辟为公园，在上坡一侧设有通向公园的入口。山坡微微起伏的表面便于收集和运输雨水。公园可达性强，为周边居民提供了休闲娱乐设施。双曲抛物面亭和 TMB 公园项目表明种植屋面可作为城市开放空间系统的一部分，充当抬升的公园。

登波士的埃森特（艾森特）总部屋顶花园是具有代表性的花园。一部分屋顶花园供办公人员使用，一部分花园用来观赏。每个屋顶花园均具有丰富的图案，成为总部大楼的标志，并引导职员和游客。广阔的绿色屋顶上种植着景天或其他耐旱植物薄层，如同植物油画，每一个花园都是根植于花园设计历史的美丽独特的艺术品。

温哥华西摩—卡普兰诺绿色屋顶运用太平洋西北部森林的最新研究，创造出处于早期演替系列的草地。这是该区域重要且正在消失的生态类型，含有第二生长期的森林依赖的物种。树木残骸、大型石块和当地的草地植物为昆虫、蛇、啮齿类动物等食物网底端的生物提供栖息地，为森林中的鸟类和哺乳动物提供食物。屋顶花园不但可为人接近，如 TMB 公园，同时也为动物提供了资源，绿色屋顶与整个生态环境融为一体。

绿色屋顶和活体墙代表着风景园林师的探索：生物多样性，

农业（请参看加瑞·科姆尔青少年中心屋顶花园）和能源绩效。它们还是城市中充满活力、美观的场地，集休闲、生态功能于一体，令人愉悦。

Best Western
HOTEL HEBRON
DANTAXI

临时的绿墙装置增加了城市的植物种植力和生物多样性

丹麦，哥本哈根

设计：约翰娜·罗斯巴赫，马格诺和内格尔建筑师（哥本哈根）

丹麦安博工程师（哥本哈根）

绿色财富（斯德哥尔摩）

绿墙

哥本哈根大学生命科学学院（LIFE）

哥本哈根市政局

2010 年 5 ~ 10 月展示

2500 平方英尺 /230m²

3.1 欧洲环保局

植物刚栽种时，绿色叶植物占大多数

几个星期后，植物陆续开花，色彩丰富如织锦

2010 年夏天的 5 ~ 10 月，哥本哈根的主广场之一因为活态立面的安置，转变为生态教育场所。欧洲环保局（EEA）希望通过醒目的绿墙装置引起欧洲对生物多样性和城市绿化的重视。五百多株一年生植物构成了欧洲的生物多样性区域图，银色和白色叶或花的植物表示生物多样性较低的北部区域；黄色和红色表示地中海沿岸生物多样性高的地区。

欧洲环保局办公楼位于国王新广场东北部。国王新广场是哥本哈根最著名的公共广场之一，经常举办户外展览、高中毕业庆典和冬季滑冰活动。办公楼位于城市中心，是城市的标志性建筑。

绿墙安装在可拆卸的框架上，框架轻微附着在建筑立面上

为迎接联合国国际生物多样性年，欧洲环保局在其办公楼立面上建设了活态立面，旨在展示自然生态系统、生物多样性和城市植被的重要性。该项目通过人工技术，展示了城市建设可以为生态系统和生物多样性的保护做出贡献。告诉房屋的业主通过在现有建筑立面上安装植物，可为生物提供栖息地、减少噪声污染、提升空气质量、提高城市生活质量。

欧洲环保局的活体墙令人惊讶地展示了活体墙高超的技术和使用新型材料的机会。新古典主义的办公楼外侧，五层楼高的钢筋网格架用来安置植物，色彩丰富的植被形成了欧洲的生物多样性地图。由于这个项目是临时的，设计师可以选择具有最佳视觉效果的植物，不受植物抗逆性和花期的限制。种植墙具有环境效益和视觉效益，还具有教育、场所营造的功能，使城市与众不同。欧洲环保局绿墙采用了不同寻常的方法。很多设计师将绿墙视为独特的城市小气候，选择相似的生态系统的植物，如悬崖峭壁生态系统。欧洲环保局活体墙则将建筑融入周围的生态环境中，其运用乡土植物，为城市中的鸟类和传粉者提供栖息地。

种植平面图上，每种颜色代表一个生物多样性区域，每个颜色区有2～6种植物

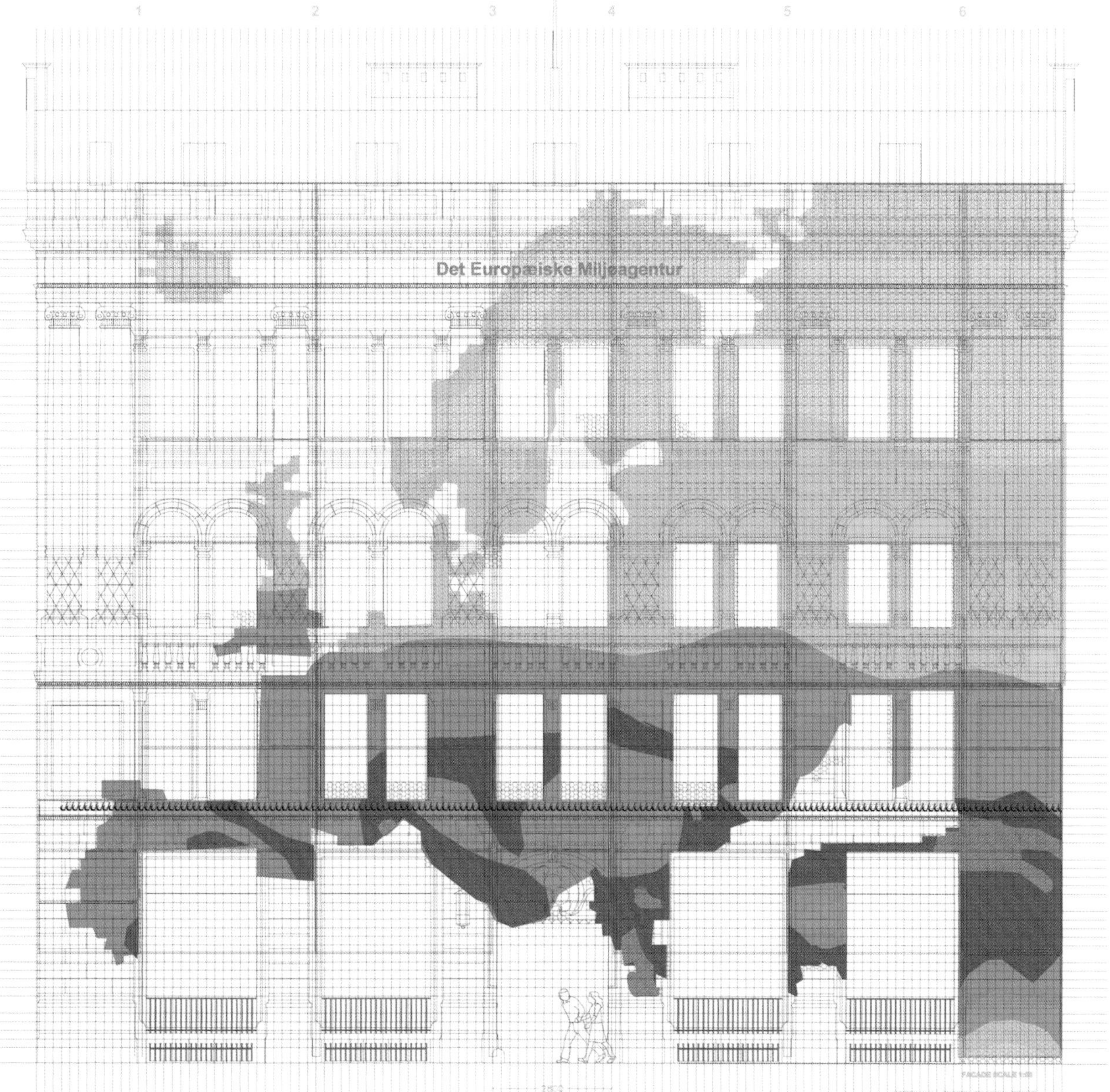

毛毡袋附着在模数化的钢架上

绿墙使用了五百多株植物，白色和灰色植物代表北欧，红色和粉色代表生物多样性程度很高的地中海区域

钢架准备就绪后，植物就被种在毛毡袋中

乡土植物的应用表明绿墙可为城市提供生境

项目面临一些技术挑战：在不破坏建筑的条件下装置绿墙以及在哥本哈根干燥的夏季灌溉植物。针对上述问题的解决方案为其他地区永久性的绿墙装置提供了参考。

欧洲环保局办公楼有五层高，并有一个五跨的前庭。建筑的一二层是平窗，三四层是凹窗。在第三层，凹窗形成了狭窄的阳台，成为建筑和绿墙之间的重要连接处。绿墙是挂在阳台上的独立的模数化钢网，在不破坏建筑的情况下固定在其立面外侧。六个钢柱挂在阳台上，是绿墙主要的承重结构。每层有杆和钢板支撑钢柱。绿墙距离建筑立面几英寸。钢柱上安装有 35 个嵌板，为植物地图提供框架，并从侧面支撑钢架。每个嵌板含有钢管，钢网与钢柱结合在一起。

嵌板配有棉麻或毡制袋子。覆盖窗户的嵌板处，印花毛毡与周围的植物混合在一起，让阳光照进建筑内部。覆盖建筑墙体的

Perrier
VITAMIN
WELL
CARE

嵌板处，是植物地图的安装连接处。三合板镶嵌着装有植物生长介质的毛毡袋子。钢柱上附有水管，通过滴灌系统分配水资源，维持植物在干燥炎热的夏季正常生长。滴灌系统与毛毡袋系统结合在一起。植物生长在“leca-nuts”（轻质膨胀黏土骨料的丹麦语）和标准表土混合的介质中。轻质膨胀黏土骨料通过加热小型黏土块制成，与浮石的成分相似，这种材料减轻了土壤的重量，便于空气进入和水源涵养。

由二十多种一年生植物组成五百多株植物种植在毛毡袋中。植物象征着欧洲不同区域的生物多样性程度。三列银叶和白花植物代表北欧——每 3900 平方英里（$10000km^2$）的土地有 500 种植物。开黄、粉色花的繁茂而光滑的绿色叶植物区代表中欧——每 3900 平方英里（$10000km^2$）的土地有 500 ~ 1500 种植物。开红、蓝、紫色花的茂盛的绿色叶和红色叶植物及观果植物区代表生物多样性程度最高的南欧——每 3900 平方英里（$10000km^2$）的土地有 4000 种植物。在夏季展示期间，植物经历生长、开花、结果的过程，创造出颜色和深度缓慢变化的景观。

欧洲环保局的活体墙是临时性装置，因此不需考虑植物和建筑的维护及植物的死亡率，但是需要解决灌溉和土壤容量的难题。附有毛毡袋和灌溉设施的模数化的框架系统是高效、安装成本低廉的装置系统。该项目是在现有建筑外侧装配临时性的绿墙，不能为建筑留下永久的印记。对于在新建建筑上加装的活体墙或永久性的绿墙，其结构更加简单。总之，这个引人入胜的装置表明活体墙可以增加城市的植被和生物多样性。

展览为期六个月的欧洲环保局的绿墙使国家新广场充满活力

DRAMA MUSIC
CENTER T
Lincoln Center Theater

林肯中心北广场的斜屋顶草坪，在新建建筑之上提供公共开放空间

纽约州，纽约市

设计：迪勒·斯科菲迪奥＋兰弗洛（纽约市）

建成于 2010 年

10800 平方英尺 /1000m²

3.2 双曲抛物面亭

广场以前覆盖着街道，现在与林肯中心的联系更加紧密。绿色草坪下降至地面，使人可以从街道便利地进入屋顶草坪及广场

夏季阳光明媚的一天，人们在林肯中心北部缓缓倾斜的草坪上停留、阅读、野餐、交谈。草坪是一个餐厅的屋顶。屋顶的一角向广场地面倾斜，且设有台阶，是进入屋顶草坪的入口；另一角位于立面为玻璃材质的餐厅之上。该设计项目在不占用公共开放空间的条件下满足了业主对空间的需求，并为城市中心提供新的绿色空间。

纽约有大量的公共开放空间，从大型的中央公园和布莱恩特公园到小型袖珍公园以及私有的公共空间。然而，城市发展与开放空间存在持续的矛盾，增加可出售空间与人们对城市公共开放

亭是一个从广场地面抬起的矩形

空间的需求相制衡。项目作为林肯中心改造的一部分，要求设计师建造新的餐厅和公共开放空间。设计师迪勒·斯科菲迪奥 + 兰弗洛通过将新餐厅屋顶建为草坪，实现了在维持现有公共空间数量的情况下增加新建筑。设计师构想了矩形草坪，并将两个角抬起以在草坪面下创造空间。在这个看似简单的设计中，设计师也面临着技术性挑战。

林肯中心是纽约的标志性景观之一，随着时间的推移，需要对其进行改造和提升。这个艺术和表演综合体是艺术的大本营，屹立于城市之中。但是随着时间的推移，林肯中心与周边越来越缺乏联系。中心需要与街道更好地联系；更清晰地组织货运、出租车和人行交通流；在三个广场之间建立更通畅的游线和更好的视线关系。设计师和顾问团队负责提升林肯中心、将其与城市紧密联系，并为游客提供更好的服务。新建的餐厅位于北广场，与

绿色屋顶的西南角下降至地面，并有宽阔的台阶通向屋顶

中心的电影院相邻。

丹·凯利设计的北广场将朱利亚音乐学院和爱丽丝塔利音乐厅与西 65 大街联系在一起。200 英尺宽的桥虽然很美观，但却使西 65 大街黑暗、令人不愉快，割裂了广场与城市之间的联系。在改造项目中，原来的桥换成了狭窄的人行桥，西 65 大街的人行道被拓宽，东和西新建的台阶联系了街道和高处的广场。爱丽丝塔利音乐厅以前在广场的北边缘，现在双曲抛物面亭成为边界。双曲抛物面亭将广场与道路噪音隔离，绿色屋顶则营造了公园般的场所。出挑的屋顶草坪西 65 街的人行道提供了遮荫。

双曲抛物面亭是悬挑于玻璃盒子之上的迷人的漂浮草坪毯，解决了丹·凯利设计中的许多问题，是与这个 20 世纪中期的作品的对话。草坪的缓坡使游人可通过长而矮的台阶走上屋顶，起伏的形式为人们交流和放松提供了舒适的场所。屋顶草坪是双曲抛物线或马鞍状的，两个相对的角抬升，另外两个角下降。缓缓起伏的屋顶像起伏的山丘，在钢筋混凝土丛林中创造了田园般的氛围。屋顶的坡度是多变的，可坐区域有特定坡度；入口的坡度是 1∶12；最陡的坡度是 3∶12。多样的坡度使屋顶形式优雅，并提供了多样的休闲活动，如在平坦区域野餐、在陡一些的区域躺卧。

屋顶草坪也面临一些技术挑战：土壤稳定性和紧实度、屋顶草坪的安全性。第一项挑战是防止土壤从陡坡滑下。对于几何结构简单的植草屋顶，可用垂直于坡面的线型挡板或平铺整个屋顶的多孔结构来固定土壤。但是对于坡度多样的屋顶，坚硬的材料不起作用。另一个挑战是场地内繁重的人行交通。由于繁重的使用，土壤会压实和滑动，易造成滑坡、形成阶梯状的凹陷。土壤移动和繁重的交通需要多孔的系统固定土壤。制造商 Hydrotech 与设计师合作开发了可以适应屋顶多种坡度的新产品：多孔的塑料条

新设计的元素与原来的设计相同，南部是树木，中心是水池，北边缘被双曲抛物面亭界定

正如这个模型所示，马鞍拱（双曲抛物线）面让草坪从平面变为起伏的山丘状，像一个飞毯

网。这种材料可弯曲以适应不同的坡度，多孔结构可为植物根系生长提供空间，并使水下渗。塑料条网固定在屋顶上，将草坪镶嵌其中。

屋顶入口处的一角下沉至地面，而最高点则高处广场 11 英尺、高出街道 23 英尺。设计师需要在四周加装栏杆以防止草被污染。餐厅的东西两侧，建筑的玻璃立面超出屋顶，形成了屋顶草坪的玻璃栏杆。餐厅的南北两侧，深处的悬臂充当栏杆。设计师选择不锈钢支架和网眼系统。复杂的坡度变化也是设计师面临的难题。栏杆线是明确的，网眼与支架之间的角度是固定的。但是支架相对于草坪的角度是变化的，因此设计师需要开发一系列特定的支架类型和连接构件。

双曲抛物面亭是很受欢迎的广场北边界的提升项目，提高了广场的可达性和视觉效果。广场南部的改造引发了专家的争论，认为其破坏了历史性的风景园林作品。为呼应屋顶草坪坡度，对树林进行了改造，去掉了丹·凯利设计作品中的关键元素，但是没有显著提升广场品质。原始的设计中含有正方形的石灰华种植池，边缘部分下沉作为座椅使用。现在种植池被改造为倾斜的、有碎石铺装小路的悬铃木林，边缘是可折叠的混凝土，随着从长凳到躺椅而变化。现在的设计放松而随意，可移动的座椅让人想到布莱恩特公园，但丹·凯利最初的设计是干净、优雅、现代的，是杰出的现代主义风景园林设计作品。很多人对改造表示惋惜。

双曲抛物面亭的草坪屋顶是供公众使用的城市开放空间。设计师通过将倾斜屋顶的一角下降至地面，在起伏的草坪下开辟了建筑空间。双曲抛物面亭营造了联系街道、广场、天空的可持续性城市景观。

草坪屋顶为游客提供了一个田园式的前庭，在此可看到林肯中心

小树林的坡度让人联想到草坪的坡度。尽管小树林令人愉悦，仍然有一些人对丹·凯利的设计的拆除感到惋惜

建在公交车站屋顶上的城市公园，为游戏和主动性娱乐提供了场地

西班牙，巴塞罗那

设计：杰米·科尔，Coll-Leclerc（巴塞罗那），建筑师

特里萨·加利·伊扎德，Arquitectura Agronomia（巴塞罗那），风景园林师

马内尔·科马斯，工程师

泽维尔·巴迪亚，技术建筑师

戴维·加西亚，BIS Arquitectes，结构顾问

建成于 2006 年

4.94 英亩 /2hm^2

3.3 TMB公园

车站屋顶成为了自然保护区外一个充满活力的入口

公园建于巴塞罗那奥尔塔区的一个汽车站上，它不仅承担了技术功能（解决暴雨雨水和建筑防水问题），还具有社会功能，是屋顶景观的一个生动的案例。作为一个公园，它为娱乐与被动休闲提供了一片色彩斑斓、充满活力的空间。而作为屋顶景观，它的设计成功结合了公园与屋顶景观两者的特质，并使得两者不会相互受制。公园协调了城市与其北面的自然保护区之间的关系，将一个有碍观瞻但具有潜力的空间改造成为一个充满活力的城市场所。

奥尔塔区位于巴塞罗那中心区北部，通过为 1992 年奥林匹克

运动会而建的环三角洲环路与市中心相连。该区坐落于科尔赛罗拉山脉脚下，该山脉拥有 2 万英亩（8 千 hm^2）的自然保护公园。因为环路建设的需要进行了大量的土方工事，所以在一些区域的新建道路旁留下了平整的土地。在奥尔塔区，科尔赛罗拉山脉的山脚由于工程建设中间站的需求而被开拓成了台阶状的场地。

2000 年，为利用广阔的平整场地以及快速通往环三角洲环路的优势，巴塞罗那城市交通部门（TMB）决定在该处建造一座能容纳 300 辆公交车的汽车站。该建筑的停车面积达 64.6 万平方英尺（6 万 m^2），有三个半地下空间包裹在山腰之中。建筑的屋顶面积达 21.5 万平方英尺（2 万 m^2），经决定计划设计一个公园，将这样一片广阔的区域赋予公众使用功能。该公园提供了人们迫切需要的公共空间，同时创造了一个科尔赛罗拉自然公园入口点，利用公共交通即可方便到达。方形的公园由沙、混凝土、草以及橡胶等多种材料组织成的圆形单元所构成，并由蜿蜒的自行车道与人行道所分隔。而间隙的空间里则种上了草、松树和竹等来自于周边科尔赛罗拉山脉的植物。

TMB 公园优雅地解决了两个主要难点：排水与重量。这些难点在屋顶绿化中很常见，然而由于这个建筑巨大的尺度以及建筑底部所需的大跨度的开放空间的存在，使得这些难点变得更加的棘手。设计师努力解决了暴雨排洪与减轻屋顶负荷的技术问题。这些难点为城市公园引导出了创造性的组织策略，同时给技术与形式的创新提供了机会，并最终形成了优美的景观。

巴塞罗那急剧的暴雨会迅速导致城市内涝。快速排涝在任何城市公园中都非常重要，尤其是在这里，因为这里的建筑屋顶大量的承载了水体的重量。方形的建筑设计了一面朝向南面的、坡度较缓的屋顶和一段朝向东面与西面的、坡度更加明显的屋顶。排水沟顺着东面和西面排布，这样所有的暴雨雨水将会从这两个方向流过建筑。同时参考城市雨洪标准，每 2150 ~ 4300 平方英尺（200 ~ 400m^2）设置了排水口，且管道直径不小于 16 英寸（400mm）。

排涝的需求促使设计师将屋顶设想为一系列漏斗以快速聚集并排泄暴雨雨水，漏斗位于间质空间之上，而这些间质能够使暴

公园是科尔赛罗拉山脉的延伸，并将乡土植物引入了城市

充分利用遍布公园的细节；栏杆设计允许了游客不同的休闲姿势

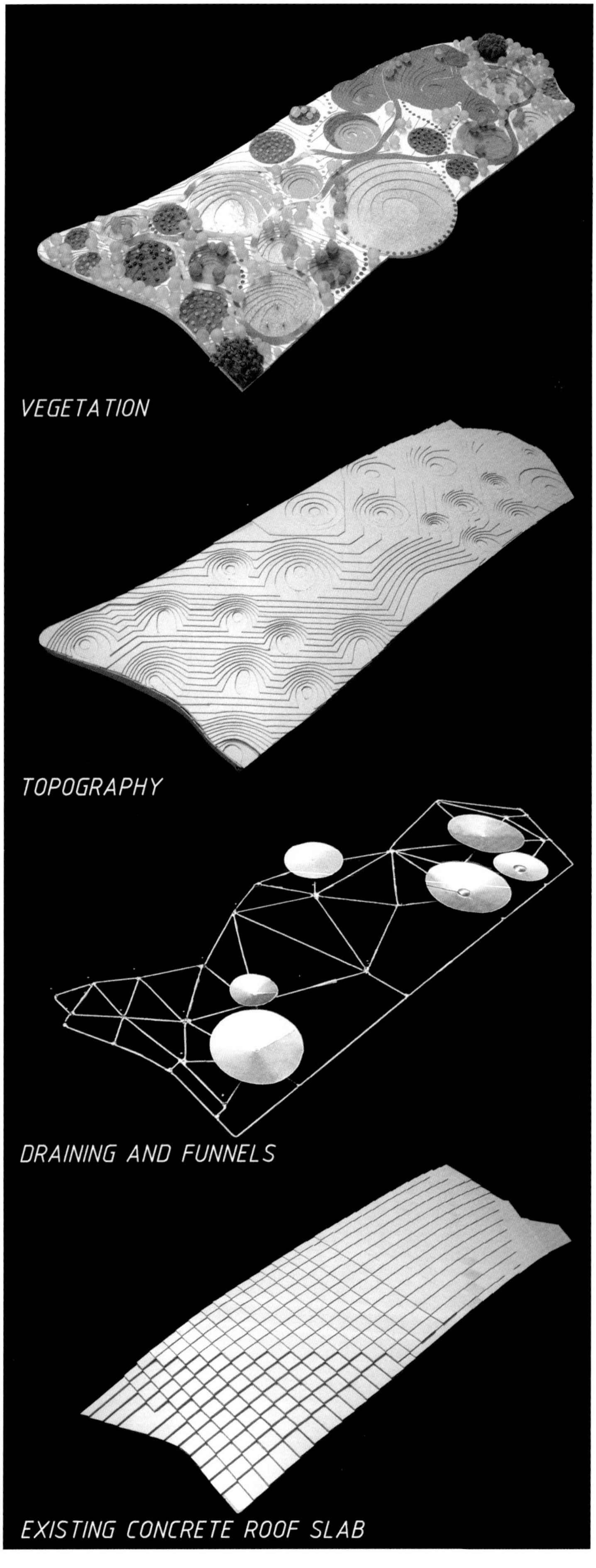

VEGETATION

TOPOGRAPHY

DRAINING AND FUNNELS

EXISTING CONCRETE ROOF SLAB

植被、地形、排水管和漏斗、现有混凝土板分解式轴测图显示出酒窝状结构是如何协调屋顶结构，并组织整个项目和植物种植的。混凝土屋顶向东西面倾斜；漏斗快速地收集并去除雨水，而间质区则是由草和松树构成的起伏地形

雨雨水更加缓慢地渗透并扩散开来。26 个不同尺寸的凹面盆地为公园里的日常活动提供了多样的功能，与此同时在暴雨之中又起到了大型雨洪收集区的作用。盆地的表面材料有两种形式——硬质元素与植物元素，也被建筑师称为冷性景观与暖性景观，这些都为自行车运动、滑板运动、野餐活动、太阳浴等丰富的积极式和被动式休闲提供了场地空间。

在这张种植过程中的照片清晰可见26个圆环，可以有很多功能与砂砾、混凝土、常青藤、草坪和三角梅结合

在漏斗之间，间质空间缓慢的收集暴雨雨水，使之形成水塘并慢慢渗透。这些区域混种了两种植物——苞茅（草）和松木与草的混植物。这些植物都是土生土长于周边的科尔赛罗拉山脉，将山林中的植物扩展至了城市之中。

两种雨水收集系统工作于两个不同的深度。漏斗收集地表的雨水，并使它经过排水系统到达排水口。间质空间使得雨水经过

土壤过滤，并在下层的防水膜上铺展开来。漏斗景观旨在将雨水收集至两个盆地之中，这些收集的水可分配用来灌溉。然而，由于诸多原因，不仅仅是雨水重量的因素，这个雨水再利用方案被搁置了。

形成具雨水收集作用的凹面斜坡、安置大型雨水管道、提供大范围的公园植物种植条件以及为将公园分成若干个较小的景观空间，这些都需要相当坚实的基础，同时一部分基础需要填满土壤以便种植植物。通过协调公园的需求和下层的建筑之间的关系，设计师提出了第二个技术创新点：薄混凝土拱形地形。

下层的汽车站有着 46 平方英尺（$14m^2$）大的结构开间，同时有着很大的跨度以支撑着屋顶。屋顶自身，不算土壤和种植层的话，由 39 英寸（1m）厚的混凝土构成，所以公园的自重就必须得尽可能的轻。此外，公园还需考虑后期维护时卡车的进入，这又大幅地增加了现有的负荷限制，进一步减少了公园能够允许的重量。屋顶被分成若干 23 平方英尺（$7m^2$）的厚板，这些厚板向南缓慢倾斜，并向东面与西面剧烈的倾斜，从而创造了一个块状的地下地形。该设计在创造平滑的屋顶的颗粒化地形是一个没有重量的

不同的区域有不同的地表，具有广泛的用途。彩色的橡胶表面可以用来进行跳舞或体操运动

漏斗建造在混凝土环之上，而间质区则位于轻质塑料沉箱上的薄混凝土之上

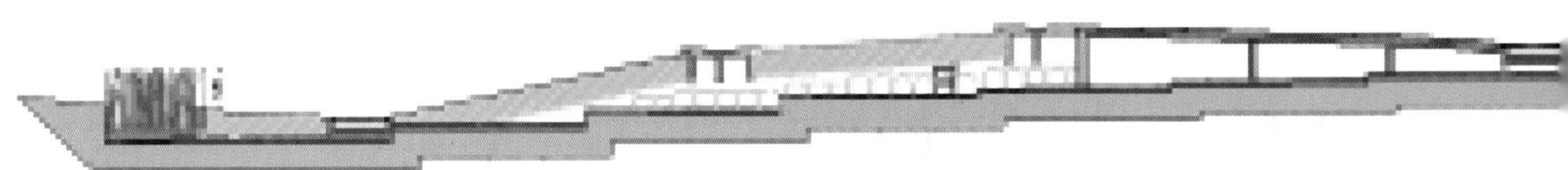

厚度层。

在技术方案一轮轮地被提出与否定之后，设计师与工程师决定使用不同高度的、并能够堆积至 55 英寸（140cm）高的的塑料模板沉箱。利用 39 英寸（1m）的轻质土壤，使得地形能够达到 95 英寸（24cm）高。20 平方英寸（50cm^2）的沉箱给屋顶的地形提供了精细的纹理效果。他们覆盖着一层薄且稳定的混凝土层，在屋顶甲板与公园表面之间有效地创造了一个中空的拱形构造物。土壤覆盖在混凝土之上并平滑了公园的地形。

所有的绿色屋顶都需要克服排水与承重的问题。巴塞罗那的天气与公交站的现状使得奥尔塔区公交车站公园的这些困难显得更加突出。颗粒化地形的分层解决策略、缓慢的地下排水系统以及快速的地表排水方式将植物型建筑带来的挑战转化为了形式与技术上的创新。此外，公园解决了一些场地二元性问题。两种雨水收集的形式反映着两种环境：漏斗代表了屋顶的人工性与技术性，而其间的间质空间则反映了公园北面的自然公园。

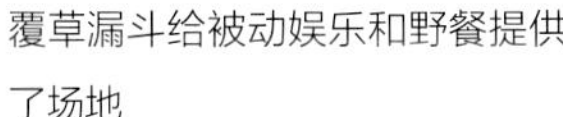

覆草漏斗给被动娱乐和野餐提供了场地

该剖面展示了屋顶是如何被分为块状，23英尺（7m）跨度的平台。轻型沉箱创造了一个微地形平滑的表面并引导水流进入管道

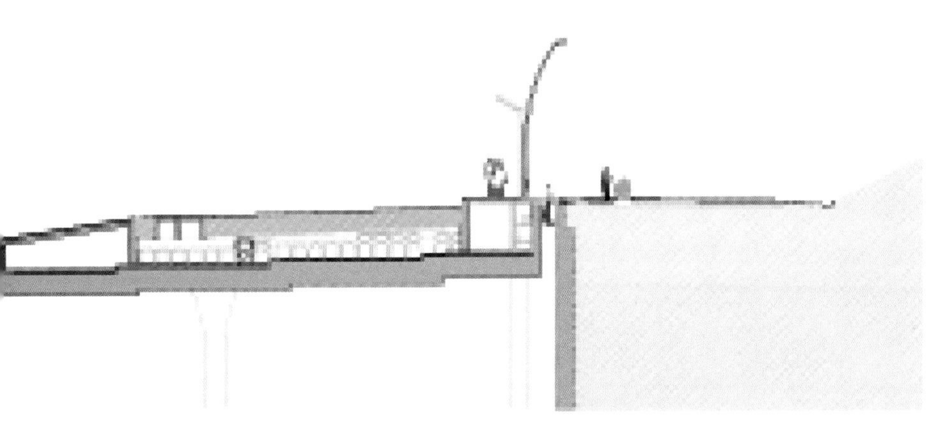

一个办公楼中的五个屋顶台层，每一个都有其引人注目的外观和功能

荷兰，登波士

设计：布罗·桑特（海牙），风景园林师

De Architecten Cie（阿姆斯特丹），建筑师

建成于 2009 年

129,000 平方英尺 /12,000m^2

3.4 艾森特屋顶花园

庭院利用木甲板创造了社会空间，同时通过提升水平面为树木提供了生根的空间

在荷兰最大的能源公司艾森特（ESSENT）总部，有五个绿色屋顶位于一个可持续扩展的建筑之中，这些绿色屋顶在可方便进入的同时也提供了方向的指引。Buro Sant en Co 利用了它们外在的特征设计了这些绿色屋顶。办公室职员能从空中俯瞰每一个台层，这些台层设计了图案式的花坛，每一个都具有不同的风格与功能。就如同城市的油画，这些台层提供了场地的展示、方向与识别性。

经过大规模扩建，艾森特总部建筑的办公空间在现有的 13 万平方英尺（1.2 万 m^2）基础之上又扩展了 26 万平方英尺（2.4 万 m^2）。

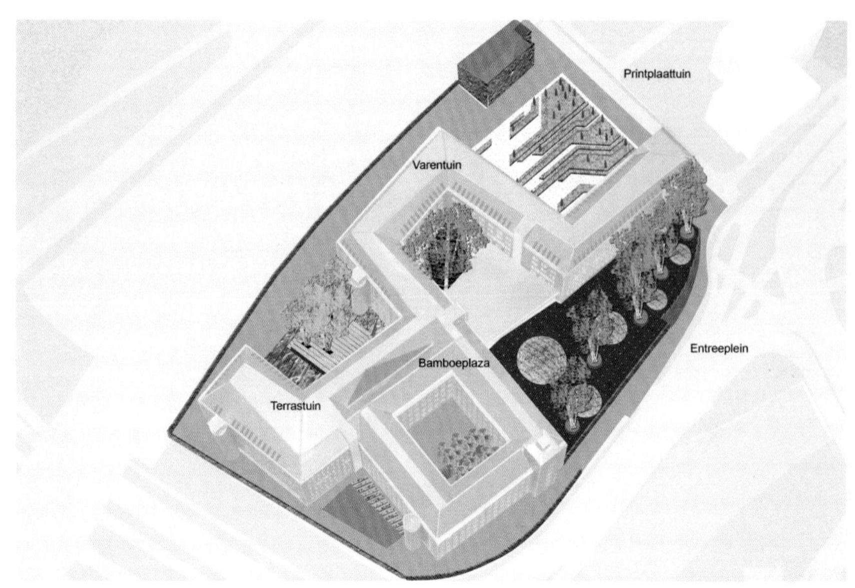

轴测图清晰地展示了块状S型的新建筑与旧建筑庭院。前庭院曾经是一个停车场，现在是一个填满竹子的中庭。下沉车库设置在了西部和北部，其上建有新办公楼西面的侧翼。曲折的办公楼形成了四个绿色屋顶，每一个都有不同的功能

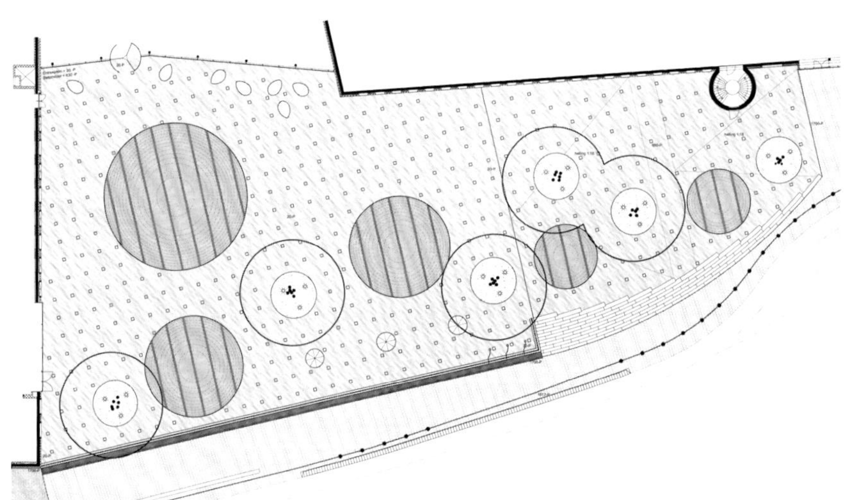

入口广场展示了一片像雨滴一样被植物分隔开的空间

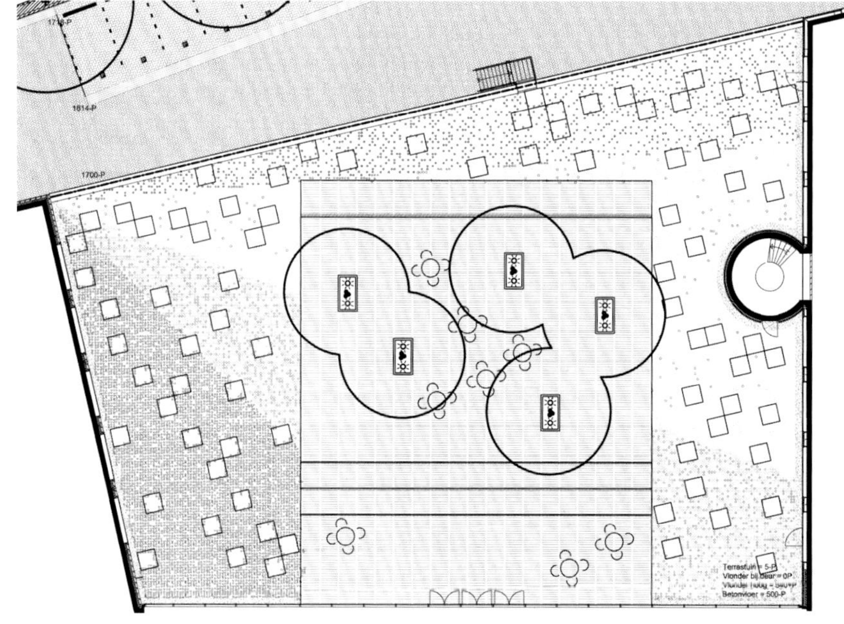

庭院花园设计为一个阳光明媚的开放空间，员工可以在这里吃喝休闲

最初的房屋是一个拥有中庭院的方形堡垒式建筑，并朝东面向多默尔河。建筑新扩展了西翼，设计了两层的地下停车场形成了方形的底座，其上有折叠成脊椎形的六层建筑。如果将这条脊椎形建筑拉直开来，其长度将会达到惊人的 800 英尺（250m）。通过设计成块状的 S 型，建筑师将整体建筑分成了多翼，减少了建筑的视觉尺度，同时让阳光洒入了办公室每一个角落。新建建筑的折叠形式形成了四个不同的屋顶台层，他们的不同设计为整个建筑提供了方向性与可识别性。

剖面图展示了广场的斜坡，它缓缓地抬升至了基座高度。入口下方的停车场延续至新建筑侧翼下方

入口广场缓和了街道通向位于地下停车场屋顶之上的建筑入口之间的过渡。北半部分坡度较缓，提供了极强的可达性，同时羽状的台阶修饰了东北角的边缘。台层铺装为深灰色，并利用似婚礼五彩碎纸般散开的考登钢栅栏来活跃气氛。台层上如雨滴般散置的考登钢花盆种植了一丛桦木和一圈黄杨木。树篱间的花盆与台层表面齐平。它的土壤藏在了铺装之下。需要较大土壤体积的大树被种植在抬高的花盆中；树池边缘的薄钢板从台层表面提高了近 18 英尺（46cm）。

在西面，新建筑的折叠造型围合出了三个绿色屋顶台层：从南至北分别是一个露台花园、一个蕨类植物花园与一个花坛。

一些种植池有薄薄的土层和较矮的地表覆盖物。另一些用优美的耐候钢围合边缘，为树木提供更深的土壤

最南端有一座庭院，用一片极简式的木质平台，提供了休憩与社交空间。这片平台将土壤深度的限制转化成了设计的契机。平台被安置在地表植物之下，仅仅需要很薄的土层。木平台与这层薄薄的土壤在入口大门处齐平；当平台接近建筑的边缘时，它升起了三级低矮的台阶，巧妙地掩盖了其下的种植池，使之能够容纳充足的土壤以养育一片皂荚树。优美的庭院通过这种方式将屋顶绿化的一个限制转化为一个机遇，创造了巧妙的地形。

木平台向西面开敞，这样皂荚树可在酷热的午后提供一片受人欢迎的荫凉；绿树则缓冲了室外平台空间与室内办公室空间。北面的绿荫花园四周封闭，东侧有一层较低矮的建筑，因此它拥有一片与众不同的小气候——荫凉、酷爽以及平静。这片中心庭院以树木与森林的意向作为主题。若干被切割成段的原木组织成了一片蕨类植物叶子的造型，四周围绕着蕨类植物，其间种有白桦树。这片花园是对生长与腐烂的隐喻。死去的树干被生长的苔藓和地衣掩盖；这种强大的模式在经年的生长中脱颖而出，尤其是当冬天大部分植物死去，树叶枯萎凋零之时。绿荫花园拥有不同于周边环境的复杂的屋顶花园小气候，但是通过种植耐荫植物与常绿植物，以及对木材和苔藓的创新用法，这种气候上的问题便转化为了优势与特色。

最后，位于北侧的是巴洛克式印刷花园，采用的是巴洛克花坛与高科技印刷电路板造型的视觉混搭。黄杨树道与砾石路相互交错，其间种有修剪整齐的圆锥形紫衫。黄色的郁金香在每条黄

切割原木的形状，间或种植几棵桦木，并被蕨类植物围合，随着苔藓生长和原木分解，形状会逐渐缓慢地软化

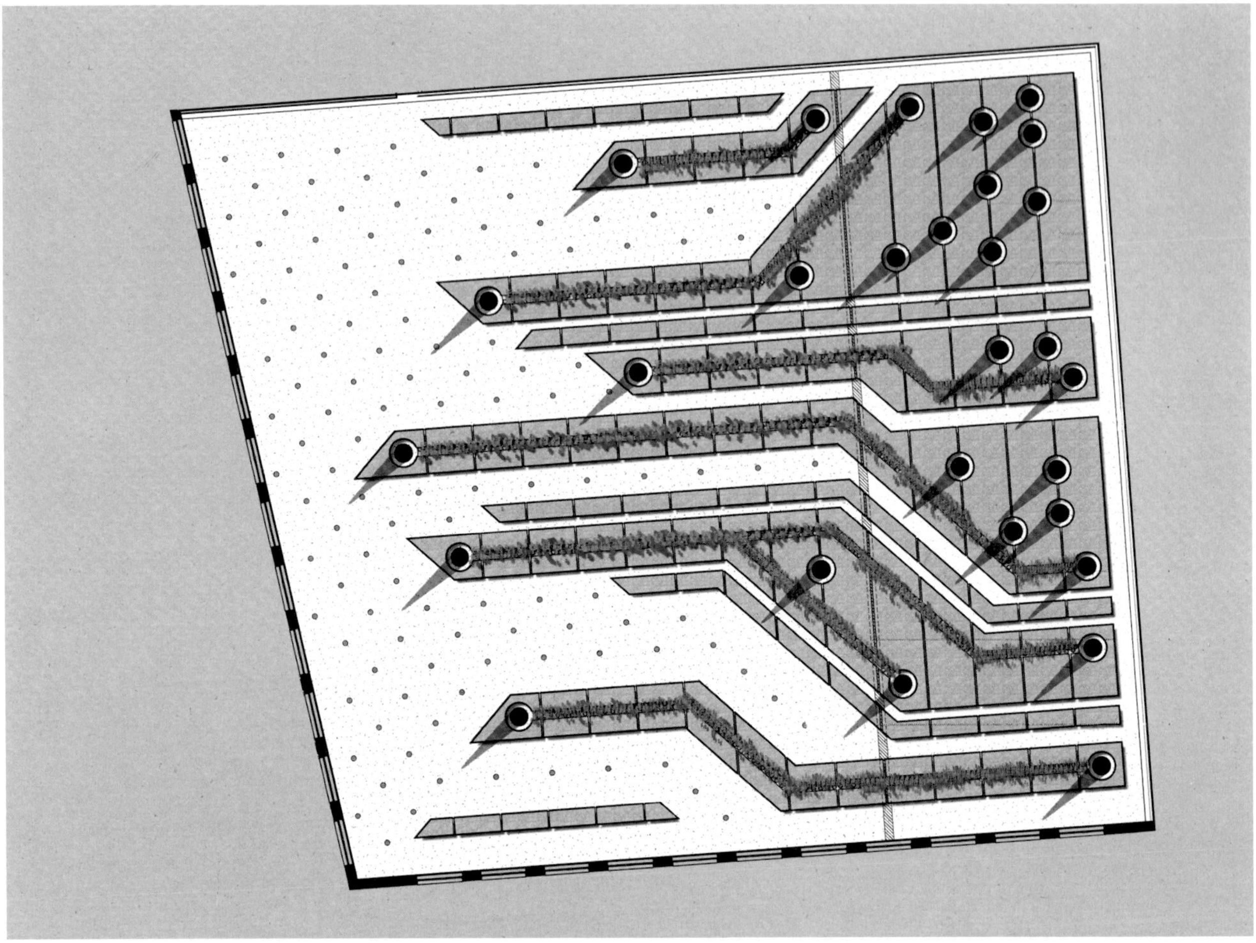

印刷广场被设想为一个基于高科技形式的绿毯：印刷电路板

蕨类植物园，这里原木被设计成叶片造型，灵感来源于凉爽、隐蔽的环境

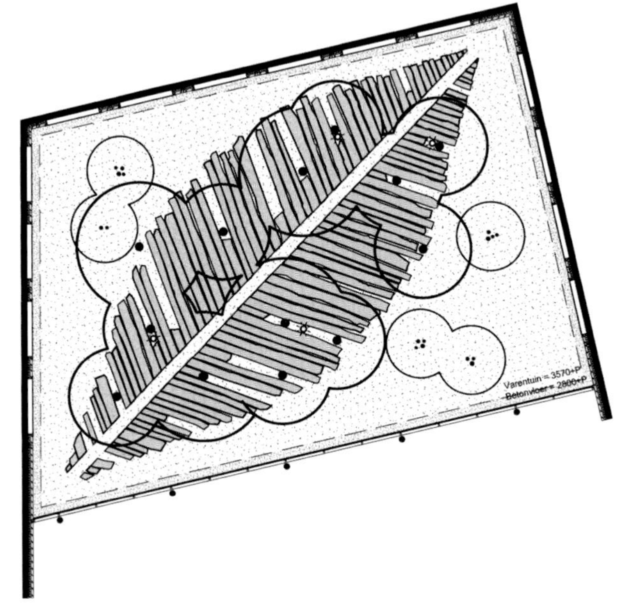

杨道下方散发着季节的能量与色彩。在某些方面，宽阔的绿化屋顶比碎石路屋面面积更大一些，因为其间可以种植植物。这片印刷电路板花园将屋顶绿化与砾石景观元素相结合，创造了一个活泼、优雅的空中花园。

低矮的绿色和黄色的植物与修建的紫衫混植

在艾森特总部，绿色屋顶完全成为景观营造；它们被当作为视觉性的表面景观、技术创新的机遇、个性特征的来源、方向的引导者以及有趣的设计。它们首先被设想与设计成为一个包含有社会性和具象性项目的景观空间。位于建筑屋顶之上的花园所带来的技术挑战被转化为了设计的机遇：不同的土壤深度创造出了多样的空间与地形；变化多样的微气候成为场地塑造的机遇；薄薄的土层成为碎石小路。每一个花园的主题都延续进了室内：花坛、蕨类植物花园以及庭院成为建筑的方位识别点，同时也成为邻里的特征景观。

THE STORY OF
WATER
The Water Trail
Estimated length: 1 km
Elevation change: > 2 m
— The Water Trail
● Barrier-free Interpretive Features
Foot Bridge
Clearwell
You are here
Seymour-Capilano Filtration Plant
Amphibian Pond
Public Parking
Our Water: An Interpretive Trail
This story starts in the Pacific Ocean and ends at your tap. The trail signs focus on the process of Metro Vancouver providing drinking water for the region. It circles the buildings and other structures that contains state-of-the-art water science and technology systems.
The trail signs also interpret many features of this amazing place, from how important sustainability is in every structure and process, to the value of geothermal energy, and wildlife habitat.
What's Happening Here?
The buildings before you, and the ground under you, are all part of the process of providing drinking water. The plant is mixing, filtering and disinfecting the raw water from closed and protected reservoirs north and west of you. Below where you are standing, our water is ready to be sent to your city.

城市雨水过滤装置上的植物屋顶，营造了乡土的栖息地并连接了当地休闲步道系统

大不列颠哥伦比亚省，温哥华

设计：Sharp & Diamond 设计事务所（大不列颠哥伦比亚省，温哥华市）

建成于 2010 年

39.5 英亩场地上方 6.2 英亩的植物屋顶，25 英亩的恢复区 /16hm^2 场地上方 2.5hm^2 的植物屋顶，10hm^2 的恢复区

3.5 温西摩-卡普兰诺净水厂

这个活态的草甸成为周边森林生态系统的生态位。解说牌展示了水的过滤过程和绿色屋顶栖息地

在温哥华北的莱恩谷（Lynn Valley）居住区，6 英亩（2.4hm^2）的羽扇豆盛开在草甸上，其间散布着树桩和原木。杂草、灌木、多年生花卉和蕨类植物繁茂地生长在开放的地区。这就是典型的太平洋西北的景观。而这个景观恰恰就在加拿大最大的净水厂的屋顶之上。这个净水厂已获得 LEED 的金牌认证，因为它采用了很多建筑和场所的策略来融入当地的集水区和生态区。

温西摩—卡普兰诺净水厂是一个雄心勃勃的项目。该装置收集两个蓄水池（温西摩和卡普兰）中的水并将其服务于温哥华地铁。这两个蓄水池通过一条位于地下 525 ~ 2100 英尺（160 ~ 640m），

停车场上的多孔铺装允许雨水渗入地下

4.4英里（7.1km）长的管道连接。该装置的绿化设计策略包括停车场的透水性铺装改造；通过雨水花园将雨水净化、降低峰值、最终渗入地下河床；在建筑的薄层土壤屋顶花园（土壤厚度6～12英寸/15～30cm）中种植慢生长的多肉植物与耐干旱的草来净化、降低峰值与蓄集雨水。从生态学角度上来说，通过净水井（大型蓄水箱以储存经过消毒后的雨水），新型的植物绿化屋顶存储的不是过去的东西，而是本就应该存储的东西。在这里，净水厂被视为人造的生态干扰物，同时屋顶被设计为一个早期的连续性景观。

早期的连续性景观具有重要的生态功能；在太平洋西北地区，这些草原在历史上主要因由大火而成。在这片区域，经过类似大火或暴风这样的剧烈的环境变化之后，羽扇豆是进入这片区域的第一批野生花卉之一。随着木材碎片（来自于在剧烈的环境变化中死亡的树桩与原木）缓慢分解，类似羽扇豆这样的植物提升了土壤品质，在这片土壤上生长出了太平洋西北森林。在这些受到干扰的地区的生物多样性令人吃惊——老鼠与田鼠寻找着草种并居住在倒下的木材之中；猛禽观察着周边的树林，捕食着林中空地上的啮齿类动物。土地管理局研究表明，太平洋西北地区历史上景观的 35% 都是连续的草原与灌木带。然而现如今，根据美国农业部（USDA）森林服务中心估测，由于森林防火与城市发展，该地区的这一比例降至 2.5%。草原的退化不仅导致该地区的草原生物物种面临消失的危险，同时也严重影响了依靠草原生物而存

冷杉和枫树幼苗出现在了恢复后的岩石和木质残体中

过滤装置顶上夹杂着羽扇豆的草地和周边的森林相互之间具有重要的生态功能

在的森林物种。

植物屋顶的设计服务于这三类对象：环境、野生动物与社会。在建设之前，对整个 39.5 平方英亩（16hm^2）的区域内的野生动物及栖息地展开了调查。尽可能地记录下基址内大部分区域施工前的环境。然而，经确认包括草原在内的一些重要的生态要素在这片区域中都已经消失了。Sharp & Diamond 事务所将植物屋顶设计成为草原生态系统，为在这里茁壮成长的植物与动物提供阳光与防风保暖。在早期的连续性草原中，随着植物与动物的逐渐进入并形成了优势物种，这片草原拥有了十分显著的生物多样性。随着树木的迁进，生物多样性急剧降低，数百年之后才会缓慢的增加。生长多年的成熟森林有着与早期的连续性草原相同的生物多样性。这些成熟的森林可能有着五百年甚至更长的生长史，当然，它们也由早期演替区中不同的物种所组成。许多成熟森林中的物种都紧紧依赖着草原中的其他物种为生。

对温西摩 – 卡普兰诺净水厂的植物屋顶绿化进行设计以增加生物多样性。在建设之前，收集场地中的植物、土壤、岩石、原木和树桩，并储备起来以为草场而使用。本地的土壤、植物和动物都已经相互适应。土壤富含营养，藏着许多昆虫和无脊椎动物，以及真菌与细菌，这些都使得乡土植物能够茁壮成长，并为诸如鸟类与松鼠这样食物链底层的动物提供了食物来源。沙龙白珠树、十大功劳、蕨类植物等这片区域的乡土植物与外来引进的草原草和野生花卉共同为动物们提供了食物与居住环境。积存与再利用的岩石蓄住了热量；它们在白天收集太阳的能量，并在夜晚向土壤与空气中再次散发。树桩与原木为小树苗提供了自由生长的庇护场所，为小型哺乳动物与昆虫提供了居住处，同时也成为以这些昆虫为食的大型哺乳动物的食物储藏室。它们缓慢地分解，并向土壤提供养分与储水的有机物。岩石与原木保留住了乡土的苔藓、地衣和真菌，它们中的一部分需要几十年才能在一片被干扰过的生态环境中逐渐生成。设置在一面斜坡上的植物绿色屋顶能够从两面逐级进入，它是一个完整的草甸生态系统，产生了一个复杂的有机网络，并填补了周边地区所必要的生态空位。

屋顶非常巨大（有 6.2 亩 /2.5hm^2），其上的土壤比大多数植物屋顶的土壤要重许多。不同于大多数屋顶绿化采用轻质土壤，Sharp & Diamond 事务所重新利用了现有的土壤。土壤深度达 40 英寸（100cm），可以种植大灌木甚至是小乔木。由此产生的屋顶的重量解决了不寻常的困难：建筑里的净水井给工程师带来了难题。水体从自然河流与湖泊系统到变成干净的城市饮用水运动的过程中可能会受到沉积物、水藻与细菌的污染，而其最后一个阶段就是净水井。由于消毒过程的差异与蓄水池容量的不同，净水井中的水体净化各需一段不同的时间。由于净化的一些过程会暴

木材残体为昆虫、真菌和其他物种提供了栖息地，为植物网形成了坚实的基础。

金属盖罩住了机械系统的出口，暗示了下方庞大的构造物

游客能够通过该区域内的小路网络到达屋顶

露在空气之中，所以需要给接近终端的区域提供遮蔽以防环境污染。虽然在大部分时候净水井都储存着水，但也需要时不时地清空以进行维护和清洁。它们非常巨大，而水的重量也很大，以至于当被清空了之后，它们会像船一样漂浮在地下水上。屋顶的设计使得它控制了整体建筑的重量。这样一个不同寻常的项目就允许一个承载着又深又厚的乡土土壤的植物绿化屋顶的存在。

但是屋顶并不仅仅是为动物和生态服务而设计的。第三个对象是公众社会，屋顶面向公众开放，并且结合了当地宏大的步道系统，这些步道通过令人称奇的自然保护区：峡谷、山脉与瀑布连接了温哥华北部的大部分城市地区。温西摩－卡普兰诺净水厂位于琳恩峡谷和西摩河峡谷之间，有桥梁与步道连接。净水厂靠近低温西摩自然保护区，它成为温哥华北部地区的步道系统的一个重要节点，是几条步道交汇的地方。同时它大约在 30 英（50km）巴登鲍威尔步道（一条沿东西方向穿越整个半岛的著名步道）东段的中间点。通过将净水厂融入城市步道网络之中，Sharp & Diamond 事务所给徒步运动增加了一丝趣味性，完全不同于周边树林带给人的美感与体验。同时风景园林师也建立了一个教育网站，使人们得以了解城市饮用水收集与供应的需求，了解区域生态系统以及森林与草原之间的关系。

温西摩—卡普兰诺净水厂植物绿化屋顶项目是利用较少的绿化屋顶完全融入当地自然系统的案例之一。它也许比其他任何类似项目都进一步地推进了这一愿景。一部分原因在于这个项目的特殊性，在于它的屋顶能够承受较大的重量。设计师能够应对坚固建筑基础的工程问题，并将之转化为设计的机遇。野生动物生物学家和生态学家早期的资料整合使得设计师得以充分认识项目基址的生态环境，也使得设计师能够学习关于自然演替的新兴生态学研究，并使设计师认识到在生境创造过程中乡土土壤与木材残体的重要性。并且不同于大部分不对外开放的植物绿化屋顶，这个项目完全融入了城市游憩系统。温哥华地铁和雨洪管理机构的决定使得这个项目不再是一个难以接触的建造方案，相反它成为一个提供娱乐、休闲和教育的场所。

种植羽扇豆，一个普通的早期演替物种，可以增加色彩并改善土壤

第 4 章

生态都市主义

根据自然系统而设计

作家泰莉·坦贝斯特·威廉斯在关于美国参议院森林与公共土地管理小组委员会的听证会上问道“我们希望什么？从完整的整体上来看，野生环境提醒了我们身为人类的意义，提醒了人类与何相连而不是与何分离。”同时在该会议上她倡导为570万亩的犹他州联邦土地中的荒野进行归类命名。公园与广场，花园与绿地，这些风景园林的作品都是自然系统的天然部分。不论风景园林师的意图是什么，这些作品都融入或改变了自然系统。它们引导水流并存蓄水体；它们为动植物，为人类提供栖息地。它们是连接区域内季节与昼夜交替的地方，是连接其中不断变化的水、风与阳光的地方。生态系统是风景园林的核心，越来越多的风景园林师正逐渐回归生态，并将此作为灵感与创意的源泉。

自然系统是风景园林师重要的关注对象。只有在工业时代，尤其是20世纪中，风景园林师才会脱离土壤与动植物因素而仅仅从艺术的层面来考虑风景园林设计。在这种现象之前，弗雷德里克·劳·奥姆斯特德的许多作品都涉及并融入了自然系统，从由地势地貌而得的希望公园到波士顿后湾沼泽地带中重建的湿地。甚至在20世纪现代主义的高度上，伊恩·麦克哈格也在提醒风景园林师在进行设计之初先对景观生态系统进行研究，从而决定项目针对文化与自然两种不同对象解决方式。奥姆斯特德和他同一时代的人属于早期现代风格，他们呼吁随着设计与工程职业涉及不同的专业知识，风景园林设计应更多的进行跨学科间的工作。

八十年后，麦克哈格与他的同事面临着部分由专业化带来的环境危机，这种技术决策的影响只有在其他领域才可见到。麦克哈格的分层分析法是对于设计行业需要重新整合与多元化思考的物理隐喻。风景园林设计的内容在文化与物理层面上被升华了。全球的就业、生产和消费网络将我们从所在的物理与生活环境中分离开来。同时前所未有的气候变化，与对灾难的预测（和早期迹象）促使我们去思考我们想要什么，正如坦贝斯特·威廉斯所说的一样。我们如何抵抗，缓解和适应这些变化？东北大学城市景观专业主任简·阿米登提示我们正在进入一个环保新时代，一个环境管理通过"我们与自然的关系重新定义"而被定义的新时代。

在某种程度上，这种再定义通过设计提了出来。风景园林师正在探索场地的深度——包括基础地质、土壤与水文；关心动植物；赋予太阳、风、雨以生命——使得设计具有可行性与生态性。生态设计思想至少有三个方面：通过形式、规模和社会影响三方面来进行思考。

在考虑生态形式时，风景园林师分析了现有的和潜在的水流、营养物、场地内的动植物，并进行设计以容纳这些生命过程。生态学家 Chris Maser 将生态系统描述为拥有组成、结构和功能——即一个系统中的各项元素，它们的物理秩序，以及形成秩序的过程、行为或关系。生态设计需要考虑所有这三个问题：是什么？怎么样？为什么？本章的项目与特定的植物和动物物种一起或是为之而设计，组织成特定模式以达到需要的结果。

对尺度进行思考使得人们认识到一个项目是位于嵌套系统之中的，或是包含着它。调查中的尺度，无论是庭院、公园或一片城市区域，总是被嵌入在一个更广阔的尺度中；对一块地方采取的行动会扩展至整个区域之中。这些项目意识到一个设计会超越它自己的物理和时间边界。他们不是美学层面上静止的视角，而是被作为空间和时间的关系与变化轨迹的设计。

对社会影响的研究，承认生态设计不仅是关于生态本身。正如阿米登的假定一样，它同样涉及质疑和重新定义我们对生态的理解。它提供了自然和文化系统之间的连接点—— 一个也许会导致批评的节点。最简单的是，生态设计是有情感的，为人类提供了有益的栖息地，以及很多健康的益处，包括共鸣、缓解压力和免疫系统。但也许是认识到我们是生态系统的一部分，自然与文化的关系在减弱且并不是很有帮助，使得生态设计同样是批评与自我反思的，并可成为再定义与管理的来源。

下面两个项目展示了它的批判性与情感性。泪珠公园是生态系统组成部分的一个代表，它使人们得以塑造自然并体验自然。这种形式是导火索，体验点燃土地伦理的火花。反之，野外收费站项目是一个脆弱的生态系统的、不可越过的门槛，在大自然不可阻挡的恢复力面前展示出了一种敬畏和谦卑之感。

泪珠公园利用卡次启尔山脉的地貌和植物群落，以及基址的微气候和水文环境构成了其结构。最终形成了一个公园，以作为更大的生态区域中的一个地图花园或植物园，并通过对植物和石头的感官体验将城市居民与更大的景观联系起来。同时避免了典型的公园结构，取而代之的是攀岩墙、山坡和蜿蜒的小路，公园创造了感受自然环境的体验——自由探索，迷失（即使是短暂的）在树林之中的感觉。这种对生物区及自然感受的呈现，为居民尤其是孩子提供了一个情感的连接点，也许有助于培养一种沟通连接和工作管理的感觉。

法国南特的野外收费站，完全与泪珠公园相反。在这里，展示的是“真实”的自然环境，但与自然的接触和互动收到了严格限制。该项目为社会和教育活动提供了一个聚集地，毗邻于一片吉勒斯·克莱门特所说的第三自然——一片从遭受轰炸的城市废弃区上生长出的杂草丛生之地。小亚马逊自然保护区大部分是进不去的，广场提供了一个视点来观察这个不可进入的自然系统的边界。泪珠公园将身体和情感的体验作为跳板来探索与体悟自然，与之不同的是，野外收费站展示出了神秘和分离，表达了对自然系统脆弱韧性的敬畏之情。这两个项目都促使我们去思考人类与自然的关系——不论是参与其中，还是心怀敬畏与赞叹地退居其后。

后两个项目探索了自然系统如何融入城市环境之中，以及它所创造的社会、生态和机遇。他们将城市重新定位，丢弃或隐藏了在人类提出解决办法之前便影响了场地的自然系统和形貌。在得克萨斯州休斯敦市的水牛河，将转移城市雨洪的技术难点转变为提升生态与社会结构功能、融合自然与文化功能的机遇。通过对河岸的研究，设计师增加了洪水储蓄量，提升了水路的视觉与物理可达性，同时也减缓了洪水流速，这些都有助于过滤和处置沉淀物并减轻河岸侵蚀的问题，所有这些措施共同提升了水质。通过周到的清理和补植，如今公园的植物保护了边坡免受侵蚀、过滤了洪水并为本地物种提供了巢穴和密室的栖息地。不仅是减少了洪水，设计师也创造了一个非凡的城市和生态设施，以应对

大部分没有洪水的日子。

在位于荷兰费尔森的威杰克罗格公园，盐水溪流的功能以一种完全不同的形式被恢复了。正如水牛河一样，希比克河也恢复了生态功能：设计师给一条管道河流提供自然采光，重新创造了一片盐水湿地。但与水牛河不同的是，希比克河的新形式是高度人工化的，完全是一种设计的艺术。构成与功能恢复了自然系统，但其结构显然是文化的。

最后，是位于哥本哈根北部的一个小镇，科科达尔的新社区规划，为城市的环境和生态变化做出了准备。该城市规划旨在使城市面对气候变化时具有活力。在科科达尔，气候变化模型预测了愈加频繁和强烈的暴风雨，和与之相关的城市洪水与雨水排水系统。该科科达尔规划将预测中的雨洪水安置在一个城市管道体系和雨洪蓄积区中，并成为城市便利设施——绿色的街道与盆地状的娱乐空间。

对心理学家和哲学家菲力克斯·瓜塔里的倡议进行讨论，重新思考人类行为对生态系统的影响，以及文化生产的伦理和模式，建筑师和教育家莫森·莫斯塔法维曾提出一个“生态设计实践，不仅仅是考虑生态系统的脆弱和资源的限制，也需考虑实现具有创造性的设想所应具备的基础条件。”这一实践，由不同时间与空间尺度上的自然进程所具有的限制与内在逻辑所激发，在这个项目及其他章节许多的项目中体现了出来。针对资源枯竭和气候变化的外部压力，风景园林师正在探索内在——场地内部、生态与系统理论内部——以提出质疑与批判我们场地的产品及我们与场地的关系的设计。

法国南特的野外收费站：小亚马逊是自然2000网络第一个城市自然空间

结构借鉴了未建成的公路形式，将与速度和路程有关的基础设施改变为一个缓慢与连接相关的基础设施

有草坪、露天剧场、砂石和水

上游乐区的城市庭院公园

纽约，纽约

设计：Michael Van Valkenburgh设计事务所（MVVA）（纽约，布鲁克林）

建成于2006年（北园）2010年（南园）

2.3英亩（1.8英亩，北园；0.5英亩，南园）

0.93hm^2（0.73hm^2，北园；0.2hm^2，南园）

4.1 泪珠公园

整个公园中的墙壁能够提供触觉感知并受人欢迎设计鼓励游客，尤其是孩子们，使他们沉浸在自然机理和声音之中，去体验不均匀的基础并挑战地心引力

泪珠公园是难以接近自然的城市的丛林中的一条步道。这里有一座唐棣的小山、一丛山毛榉树林、一片沼泽地、一个金缕梅小谷和露出地面的岩层以及可供参与学习的地质构成等其他生态元素。同时通过设计大自然的体验——不平整的场地、岩石攀岩区、缠绕的荆棘——这个公园给城市中的孩子提供了在大自然中游戏的机会。

对于纽约的大部分孩子来说，公园就是充满了硬质景观、游戏设施、沙坑也许还有一些水可供游戏的地方。虽然城市大型公园能够提供树木、溪流和沼泽，但是能够去探索它们的机会还是很少的。

纽约希望公园与中央公园中的野生区域都已用栅栏围起，用以保护自然保护区和人们的安全。对于泪珠公园，巴特里（Battery）城市公园管理局（BPCA）希望创造出一片区域可供游客尤其是附近的孩子去体验在卡次启尔山中行走的感受，区域中包括了树林、峡谷、岩层和水道等景观形式以及随意探索与发现的乐趣。

该公园继承了弗雷德里克·劳·奥姆斯特德和劳伦斯·哈普林的理念，即被哈普林称为体验等价性——重新创造场所的物质和感情的体验，而不用重新创造场所本身来实现。就像奥姆斯特德的中央公园或哈普林的高速公路公园，泪珠公园作为城市种植空间的副作用融入了生态系统。但这些公园的主要功能是文化教育。它们以设计唤起游客的兴趣，展示自然环境中感官和情感的体验，并提供学习教育的机会，从而使游客得以了解城市及其周边环境的自然系统。

当开发巴特里公园城的北部边缘区域时，BPCA决定整合四个住宅楼的开放空间。这四个楼面向着一个大型的公共开放公园，而不是被隔断成的四个小型私密庭院。BPCA主席和CEO蒂姆·凯里希望这个公园能够像在卡次启尔山中的步道一样，并选择了MVVA来进行设计。除了需要在城市中提供自然体验的设计难点外，设计师还面临着严峻的场地限制问题。地形、水体、阳光与风共同塑造

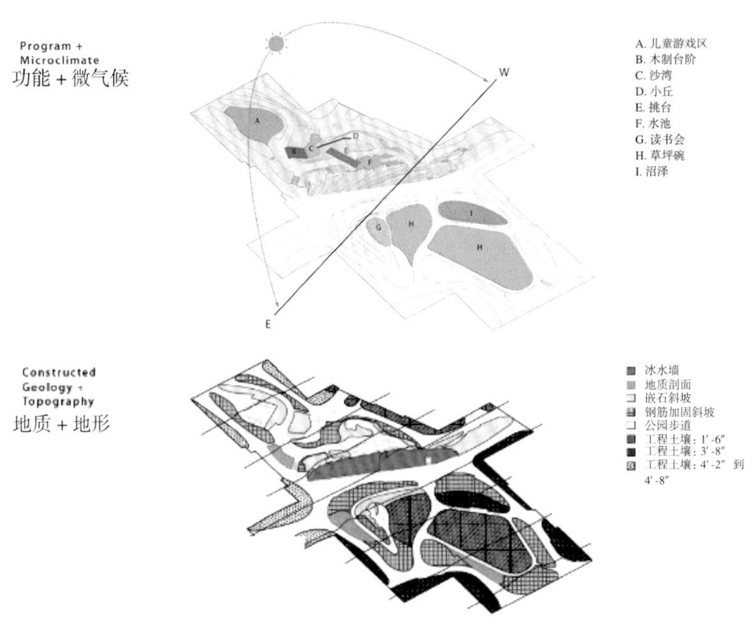

微气候图解展示了位于北部的被动活动单元，是阳光充足的部分，以及藏于阴影之中的，有着更加积极的活动单元的南部

了一个严峻的以及相当没有特征的场地。这个区域是由 1980 年建设世界贸易中心时的运出的土方沿着哈得孙河堆积而成的。该区域的地下水位较高，同时盐水随着河流从地表流向了场地。这导致的结果是种植土壤不能太深。这两座塔楼在 210 英尺与 235 英尺(64m 和 72m) 之间，在白天大部分时间内都会在公园上投下很长的阴影，使得很多区域变得阴冷并难以种植植物。同时公园夹在两座西面的塔楼之间，非常靠近哈得孙河，时常遭受强风的侵袭。这些环境条件虽然算是设计的限制条件，但也能够利用起来从而创造一个自然的公园，而不再使用的所谓的城市公园的标准套装。

遍布公园的标志提供了关于物种与生态型的生态信息

草坪较公园其他区域接受了更多的阳光，也接受了东面建筑下午反射出的阳光

MVVA 利用地形来创造野外探索、攀爬山体与倾斜的山谷、隐蔽的峡谷的体验，在这个过程中同时也解决了土地贫瘠、阳光与风的限制和高地下水位的技术问题。设计师们组织了场地空间，从而使在夏天可能会较多使用的活动空间面向了南侧，为休闲活动提供给了阴影与凉爽。更安静的空间位于北侧，处于太阳之中。设计师将一个椭圆形的草坪北部边缘抬高，最大化了草坪的受太阳辐射面积，为休闲活动提供了空间。MVVA 设计了旋转的地形，比如草坪，来缓冲穿过其他更加活跃的区域的强风。在气候严峻的时候人们对微气候的关注是显而易见的：在寒冷的天气里，草坪非常受欢迎，因为黑色石块吸收了阳光并再辐射出了热量。而在炎热的夏天，南部的游戏区聚集了很多的孩子、家长与路人，他们享受着阴影、微风与水体游戏区。地形同时也提供了更深的土壤以支撑茂密的植物

种植，虽然现在场地中的高大植物非常之少，但在这片土壤之下已经开始有了生长的迹象。即使在创造出的小山丘上，地下水位也足够高，能够给大树提供水分。

泪珠公园是各年龄段人的生态试验场。儿童能够将整个功能公园当作操场，去探索植物、水体和砂石，并体验在自然中游戏的乐趣。年纪稍大一点的孩子可以探索十一个不同的区域，并通过标识与植物标牌去了解农业与生态。从游戏至种植，公园为游客提供了多种多样的机会来体验与了解环境。也许最重要的是对儿童的影响。关于在自然中游戏给儿童带来的影响进行了大量的研究：防止或降低肥胖率；促进健康并抵抗类似哮喘这样的疾病；提高注意力；减轻压力与抑郁。为了达到这样的效果，孩子们不仅需要户外运动时间，他们还需要在有着大自然品质的环境中进行游戏。

朱迪斯·赫尔瓦根提出了自然环境的六个品质。第一，是赫拉克利特运动规律——在可预测的形式上不断变化（如云模式、林间斑驳的阳光、水中的涟漪）——刺激想象力的同时也使人冷静并缓解压力；第二，跨越时间与季节的时间变化作为对压力的反应，在对生长的模拟中确认了生命的过程；第三，“韵律”感（相似但不一样的模式和结构，比如植物叶子中的变化性）；第四，复杂性；第五，多种感觉体验，激发好奇心、探索欲和欣赏之情，并为不同类型的合理功能打下基础；第六，无组织游戏，不仅有一种使用功能，它允许孩子们去改造他们的环境，为创造力、控制欲和场地所有欲提供展示空间。它让孩子们接近阳光、植物和水体，同时也为他们提供一系列的休闲、被给予力量，参与和扩张的体验。

通过游戏，孩子们体验到了不同种类岩石、水体和不同类型树叶的质感

石阶、卵石和鹅卵石让孩子探索不同石材的特性以及通向斜坡的道路

在泪珠公园，MVVA 与自然休闲专家摩尔共同合作将整个公园设计为一个游戏场。这里没有游戏设备，只有岩石斜坡上的一个滑梯。孩子们与公园中的植物、水体和砂石游戏。在砂石区域，水泵中溢出的水流向岩石盆地并流入砂石，孩子们可以自由控制这些水量。同时沙坑旁方形的木质平台为大人们提供了舒适的座位，孩子们也可以在上面跳跃摇摆，或是静静地看其他的小朋友。在一片露出地面的岩层区中，岩石斜坡上有定制的滑道。孩子们可以寻找自己的登顶方式，从任意一侧爬上巨石。水中的岩石、冰岩墙和一片沼泽地给孩子们提供了一片探索和选择环境的场地，同时读书区与草坪也提供了一片安静休闲的区域。

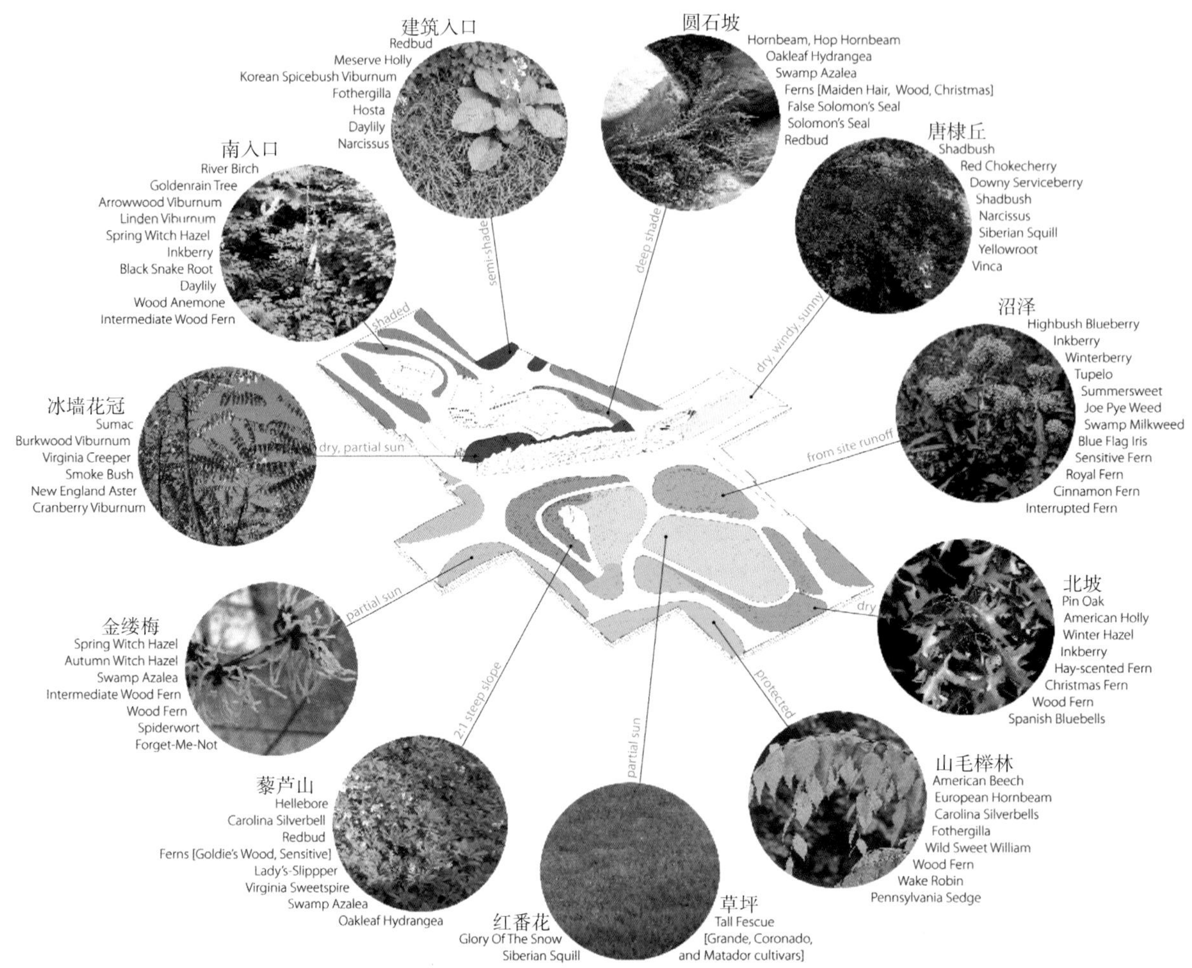

轴测图展示了十一个种植区。根据植物的装饰性、教育功能以及它们提供的有益的栖息地进行选择

小小的公园容纳了十一个不同的区域，每个都有由不同的阴影、水与风等元素构成的微气候。MVVA 利用了复杂的场地条件，并设计不同的植物群落以适应不同的微气候。设计师与生态学家合作创造出有机土壤来种植每类植物群落，这些植物主要是乡土树种。通过针对土壤的排水、压缩、营养需求进行设计，以及土壤监测系统的安装与茶类肥料的应用，公园中 99.5% 的，超过 3 千多棵的树和灌木在没有使用除草剂、杀虫剂或杀菌剂的情况下存活了下来。

对于城市公园来说植物调色盘是不常见的。从周边建筑投下的密集的阴影和较高的地下水位限制了植物种植，也限制了大量使用乡土树种的意向。建筑入口有许多装饰性植物例如紫荆、绣球、福氏和黄花菜等，大部分植物比典型的城市植物更漂亮。一个唐棣丘、沼泽、山毛榉树林、金缕梅和冰墙花冠——种植在漆树、荚、紫菀和五叶地锦中——提供了一个复杂的环境，其中 88% 的树木、灌木和多年生植物都是乡土植物。青石墙与砂石来自于距离公园 160 英里内的采石场。哈得孙河流域景观混合物——草坪、山丘、湿地、森林——以及多样植物的混合激发了感受并令人愿意去深入了解乡土植物和植物群落。没有直白的说教，这个公园通过感官参与和带来的兴奋感促进了关于自然环境的教育与管理。

泪珠公园的设计师并不想让公园成为一个自然保护区或是一个生态保护项目。虽然融入当地生态系统对环境设计非常重要，但提高人们对环境的欣赏力与归属感对场地设计来说同样重要。尤其是在大型城市，“自然的”或是“生态的”不一定仅仅意味着一个关注动物的自然保护区。通过哈普林的体验等价性的理念，我们能够为动物提供栖息地并同时形成对当地生态系统的欣赏、理解与归属感。在这个过程当中，由于公园内的乡土植物在这个城市中提供了大量的食物与庇护所，泪珠公园也成为候鸟的完美栖息地。史蒂芬·J·古尔德说道：只有当人类与自然建立起了情感的联系，我们才能赢得这场拯救物种与自然的战斗，因为我们不会为了不爱的事物而战斗。在泪珠公园中，大人与小孩能够有机会与复杂多样的、迷人的自然环境建立起这种情感的联系。

岩墙给儿童和成年人提供了欢乐，也是一个受欢迎的攀岩点

公共艺术与开放空间，包含了
一个建筑物和一片草坪，毗邻
一个自然保护区

法国，南特

设计：Observatorium 事务所（荷兰，鹿特丹）

建成于 2012 年

1 英亩 /0.4hm^2

4.2 野外收费站

过路收费亭，通常在高速路和区域连接处地快速交叉口上，而在这里则是一个物理屏障，通过提供冥想的场所来促进城市与自然保护区之间缓慢的联系

五个木制收费站成排矗立在林中空地中。木质小路终止在收费站前。在远处，缓缓倾斜的大地和不可穿越的植物群落；在两边，木质斜坡通往春池，而后戛然而止。收费站环绕一圈空地，但能明显感觉到周围的树木与灌木正一寸寸地蚕食着草场。这梦幻般的空间如同一个童话故事、一个定格的时刻、一个不完整的项目，随着时光流逝，沉睡的大地慢慢变得草木丛生。

野外收费站的一部分是公园，一部分是雕塑。这个神秘的建筑位于南特市与小亚马逊，一个二战后形成的城市郊野之间。该项目借鉴了场地的历史以及这段历史中蕴藏着的紧张氛围。这是

一个由最先进的技术形成的场地——飞机、导弹、高速公路——并缓慢地、逐渐变为了生态地。在过去，这片沼泽与溪流之地被人们所忽视，或是被当作城市发展与基础建设中的预留地。二战之后，场地遍布弹坑，并作为环路系统的一部分以待开发。如今，雕塑般的收费站将人们带往了自然保护地的边缘，但不允许穿越远处的溪流。这个建筑物是通往野生环境入口，强调了城市的需求，时常需要使自然不受干扰的自我发展。

木质收费站提供了一个平台来观察前方不可进入的沼泽和森林

野外收费站是一个神秘的设计——部分是雕塑，部分是广场，同时也是一个严格限制进入的自然保护区的入口

小亚马逊是一个奇怪的区域，它对自然与文化、技术进步的现代神话之间的关系产生了质疑。这片区域边界是靠近南特火车站的众多蜿蜒的铁轨。在二战当中这个重要的基础设施受到炸弹轰炸，破坏严重。1944 年春夏，英国与美国的空中力量对德国控制的南特发动了闪电空袭，在这片区域上遗留了大量的弹坑与废墟。虽然

其他地块都已重建，但这片由铁轨环绕的区域直到1970年前仍是一片荒地，1970年政府计划建设一条大规模的横穿南特的高速路并将经过这片区域。于是项目开始启动了：从其他建设项目中收集的碎石被用来建造这片区域中的路堤。但由于这条高速路会穿越城镇，因此带来了大量的争议，并最终使得项目搁浅，这片区域依旧保持未开发状态。二战之后的近70年中，这片区域慢慢地被自然占据；弹坑填满了水与泥土，沼泽中心有树木生长。这片区域成为风景园林师吉勒斯·克莱门特所说的第三自然——景观自由发展、空间

不明确、通常具有生物多样性和原始状态的遗留。克莱门特写到，“第三自然……将人类遗留下来的全部空间交给景观进化——交给自然本身……”与被人类控制与利用的土地相比较，第三自然更易形成生物多样性的自然环境。

这片区域被称为 Petite Amazonie，小亚马逊。有着近 60 英亩（24hm^2）生长茂盛的植物，被一条溪流和池塘网络所环绕，连同草甸和湿地一起有着大量废墟、柳树与桤木。区域中有着大量的野生动物，包括水禽与鸣禽，爬行动物、两栖动物与哺乳动物，也包括一些国家保护动物。2004 年，小亚马逊被选作为自然网络的一部分，该网络拥有遍布欧洲的超过 2 万 7 千个自然区域；而这是第一个被选入自然 2000 网络的城市自然区。自然 2000 具有两种类型：特殊保护区（SPAs），旨在为濒危的鸟类物种保护栖息地；以及限制条件更加严格的保护物种区（SACs），旨在保护稀有的、濒危的动物、植物与栖息地。小亚马逊是卢瓦尔河河口自然 2000 区的一部分，同时被归类至 SAP 与 SAC 之中，以证明它非凡的价值。为保护这一区域，严格限制出入，每年只有 300 名游客能够在法国鸟类保护联盟（LPO）的组织下进入保护地游览。

由于这块地区的历史原因，草甸、树木与沼泽的存在即证明了人类对自然的控制力是多么的弱小。火车铁轨将沼泽地与卢瓦尔河隔离开来；飞机与炸弹永久地改变了地势，并几乎摧毁了南特。但就像是托马斯科尔的绘画一样，这片区域的自然进程一旦启动，便开始缓慢地、不可抵挡地发生着变化。人类用来改变与控制自然景观的知识能力令人吃惊，而同样令人吃惊的是，这些尝试最终被证明都是徒劳的。

LPO 希望有一块场地能够让城市居民与小亚马逊发生接触。在 2010 年，LPO 和 Estuaire 艺术双年展艺术总监戴维·摩纳德一起委托来自于鹿特丹的设计公司 Observatorium，对该区进行具体的设计，使得这片区域成为 2012 Estuaire 艺术双年展的一部分。

小亚马逊是“第三自然”——一个城市中心被忽略的场地，并已经生长为了一片生物多样性丰富的区域

初步的设计草图显示了斜坡和收费站终止在了保护区边缘，表达出难以通过技术来控制自然的理念

在过去的三季中，这个公共艺术项目在南特与圣纳泽尔之间，沿着卢瓦尔（Loire）湖创造了一条艺术小径，以展示卢瓦尔河河口的生态与工业遗产。这条 30 英里的小径连接了两座城市，其中 26 个艺术、装置与设计作品展示了河口特殊的地理位置与优美的景观。宽阔而短促的河口位于水禽重要的迁徙路径之中，同时它的潮泥滩、芦苇床和沼泽地起到了重要的生态作用。河口中有超过 37000 英亩（15000hm^2）被划为 Natura 2000 网络的一部分。

野外收费站将小亚马逊当作河口中独特的一片区域。它的存在警示了人类尝试去控制大自然的努力是徒劳的。收费站与道路沿着未建成的高速公路建设，但他们被建造为广场、坐凳和一个观景平台以观测丛林禁地。收费站的上层甲板是全天开放的，LPO 将这块拥有观测自然保护区良好视角的区域作为会议处。该项目进程会随时间继续展开；自然保护区的植物将会继续慢慢生长，并最终将建筑物与空地包围起来。

这个奇怪而突兀的建筑物有着国内的材料、工业的尺度和明显被截断的形式，与其周边的空间模糊的湿地形成了强烈的对比。这种物质与空间上的对比吸引了人们来关注区域生态。不去尝试将自然去融入城市，对于这块区域，野外收费站只是任其生长，并提供一个进入这个不同世界的入口。附近的马拉科夫居民通过出版物、教育与游戏帮助建立了社区与艺术作品之间的联系。

Observatorium 的设计师在马拉科夫的社区时事通讯“马拉鸡尾酒”上发表了一则寓言故事来解释整个项目。一则“进步、冲突、一片沼泽与三个匠人”的寓言讲述了小亚马逊被破坏与生长的过程，以及三个外国匠人为树木、动物与人类设计相会之处的故事。最年长的匠人听见了橡树在叹息，“我听见人类称这片土地为小亚马逊。我的双脚已经扎根于这片沼泽地 40 个年头了。新的树木与植物在继续生长着，我们聪慧的小丛林不仅在水中生长，也在混凝土上开始出现……我们在城市周围的兄弟姐妹们一直被施肥、修剪和拥抱——这对我们来说并不好。我们在这里很快乐。我们能够照顾好自己。但是若能有更多的同伴陪伴会更好，你同意吗？”小亚马逊让这些树自己照顾自己，也提供了一些伙伴，一切都是为了这片沼泽，为了这座城市。

在法国南特的野外收费站：游客聚集在斜坡上和收费站前

线性公园控制了洪水并恢复了生态，设计了慢跑与骑行的小径

得克萨斯州，休斯敦市

设计：SWA 集团（休斯敦）

建成于 2006 年

23 英亩 /12 英里

9.3hm^2/1.9km

河道在大部分时间里都承担着公园的作用，以及一条新建的人行天桥连接了河流两岸

水牛河廊道解决了洪涝的技术问题，也改善了生态结构和功能，使得休斯敦居民能够到达他们的河道

4.3　水牛河河口走廊

在休斯敦市中心，一条鳄鱼正漂浮在河流之上，懒洋洋地在浊流中飘荡。一群游客兴奋地指着它的长鼻子与它背上的脊。随便在哪一天，休斯敦居民都能在这里看见三种龟、鹭、鱼鹰、鸣禽，15 万只蝙蝠组成的蝙蝠群，甚至能发现鳄鱼藏在美国第四大城市中间的淤泥滩上晒太阳。这对于一个直到最近河道中都充斥的垃圾，对人类与动物都不甚友好的河流来说，这样的转变令人吃惊。

水牛河河口（Buffalo Bayou），顾名思义，是由曾在这片土地自由漫步的水牛群而得名，这条河是休斯敦城市的生产力。1836 年这座城市开发于水牛河与白栎沼的交汇处，城市的网脉布局与水牛河

的走向相平行。航道是城市的主要交通工具和航运基础设施，到了20世纪早期，河道通过疏浚从9英尺（2.7m）深变为了25英尺（7.6m），使得远洋巨轮能够进入港口。虽然城市靠近水体使得交通得以便利，然而在风暴来临的时候这便成为问题：潮汐河口仅有102平方英里（264km²）宽，极易被洪水淹没。在1929年与1935年的特大性洪灾发生之后，美国陆军工兵部队为河口设计了控制洪流的计划。到1960年，部队已在上游建起一座大坝和蓄水库来控制进入河口的水流，并渠化了白橡树河，清除了两岸的植物，拉直了它蜿蜒曲折的河道形式。由于对白橡树河混凝土渠化的担忧，休斯敦居民聚集起来一起保护水牛河与城市生态系统。

汤普森设计小组2002年的总体规划中为洪水基础设施设计了全面提升的体系框架，这也提升了河流的生态功能。该总体规划重新审视城市周边的河流，提供了进行娱乐与社会活动的空间，并利用绿色基础设施来促进生态发展。这个概念性方案将河流分为三个区域——两岸更加宽阔曲折的中心区与荒凉的东部和西部。方案希望深入休斯敦市中心与街道区域的包括行道树在内的绿植成为通往河流的通道和视线通廊，同时也能够使洪水进入河流之前对其进行缓冲与净化。

水牛河河口廊道对中心区进行了开拓，形成了生态与城市设施空间。在该项目之前，河道只有有限的入口以及20～30英尺（6～9m）的狭窄河岸，使得休斯敦居民无法靠近。无法接近河流

水牛河有102平方英里（264km²）的流域，其中大部分都流经休斯敦市中心

低海拔的道路能被厚实的泥土覆盖，其位置受到上方高速路的限制

一个充满生机的项目使得休斯敦市民回到了河流边

重新设计的河岸分散了洪水的能量，并过滤了洪水。石笼维护墙减缓了水体流速，河岸边的墨西哥矮牵牛和路易斯安娜鸢尾过滤了更细小的垃圾，而树木层则限制了更大的垃圾

这个剖面形象地展示了土壤是如何被移动的。新的分层提供了更大的洪水存蓄容量，更缓和的坡道以供外界欣赏公园，并增加了河岸的风貌和公园的安全性

场地平面图展示了在不同限制条件中的大片植物：洪水、侵蚀、高架公路。植物层次结构复杂，有地表覆盖物、灌木层、林下层和树冠层——大型乡土物种——提升了河道的栖息地价值

会令人产生不安全之感。约有 40% 的河岸走廊是被高速公路基础设施所覆盖的——斜坡、桥梁与立交桥——形成了许多阴影角落，增加了场地的危险感。这对于野生动物也是不友好的。聚集起来的垃圾，散落在桥墩周围和生长高大的入侵灌木物种之中。快速流动的河水侵蚀了河岸，从河岸冲刷下的淤泥堵塞了河道。该河流的水质曾是德克萨斯江河中最差的，几乎使得水生植物都难以生长。为恢复河流的生态功能，并将之变为一个引人入胜的城市公园，需要为此提出有创造性的设计。

SWA 在水牛河河口的项目上遇到了严峻的挑战：陡峭的斜坡、被侵蚀的河岸、高架基础设施、入侵植物物种、难以接近的困难以及极差的水质。初看上去这条河流廊道是一个非常成功的城市公园，有着 23 亩（9.3hm^2）的开放空间和慢跑与自行车道，拥着美丽的植物、葱郁的树荫、可爱的河流与天际线景观。然而这条河流廊道不仅仅是一个公园；它兼具有防洪机制、生态恢复区和城市设施等功能。该公园是不断增多的，得益于文化与生态空间融合的景观基础设施中的一部分。不同于将洪水束缚在一个狭窄的、笔直的、陡峭的水渠中使之从城市中心快速排泄，景观基础设施会扩散水流并减缓流速，从空间与时间上缓解雨洪问题。位于丹佛的，由温克事务所设计的夏普溪（Shop Creek）就是这样一个早期案例，它利用湿地与弯曲的河流来降低洪水峰值、利用

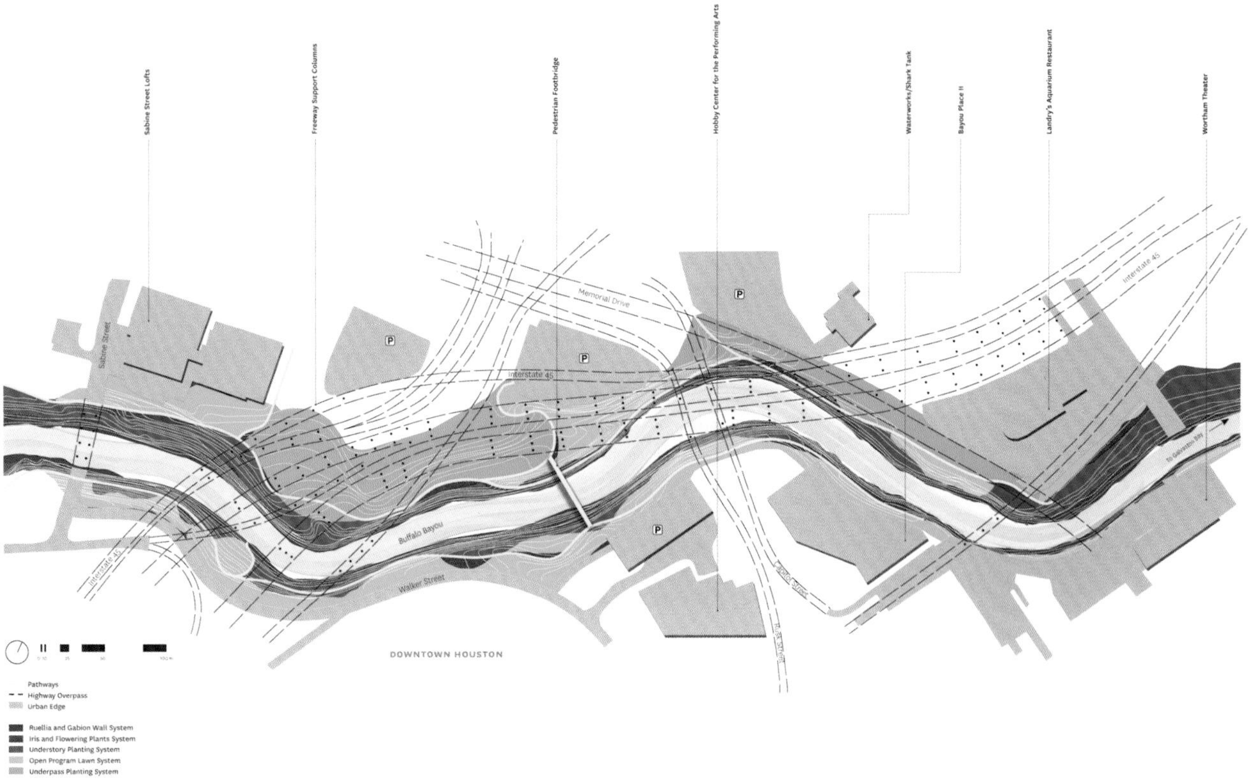

Sabine Street Lofts
Freeway Support Columns
Pedestrian Footbridge
Hobby Center for the Performing Arts
Waterworks/Shark Tank
Bayou Place II
Landry's Aquarium Restaurant
Wortham Theater
Memorial Drive
Interstate 45
Sabine Street
Buffalo Bayou
Walker Street
DOWNTOWN HOUSTON
Pathways
Highway Overpass
Urban Edge
Ruellia and Gabion Wall System
Iris and Flowering Plants System
Understory Planting System
Open Program Lawn System
Underpass Planting System

护岸
Geo-textile separates vegetation from gabion basket
河岸
Mexican Ruellia, Ruellia brittoniana Louisiana Iris, Iris Louisiana
树丛
Green Ash, Fraxinus pennsylvanica
原有坡线
改造坡线
原有柏油路
设计步道
2:1
3:1

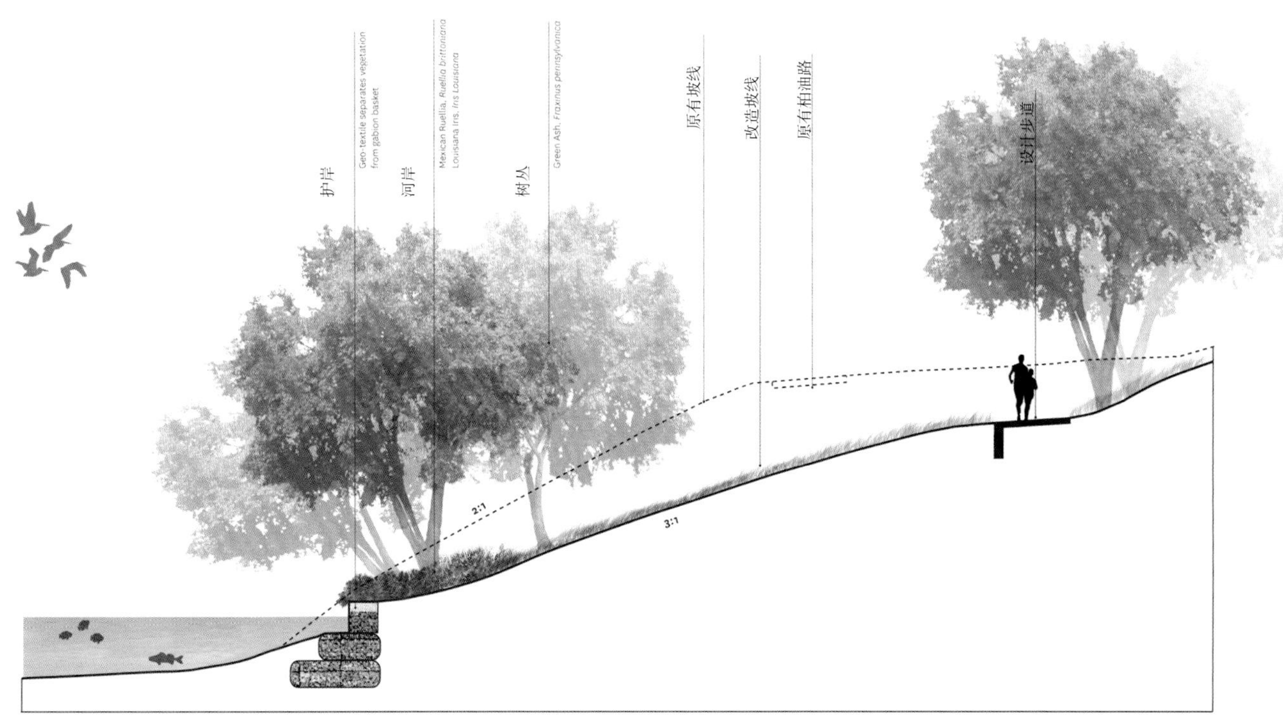

湿地来过滤沉淀物与垃圾，并利用深潭来处理小溪中的沉淀物。这种方式变得越来越普遍，而水牛河廊道正是最大面积的、最接近城市的、将雨洪管理与生态恢复相结合的项目之一。

通过利用景观的方式来缓解洪水问题，SWA 集团同时也恢复了河流的生态功能，并使河流向休斯敦居民开放。设计师将陡峭的河岸分为多层，移去了近 31000 立方码（23700m^3）的土壤。这显著地增加了蓄洪容量，提供了进入公园的路径，从周边建筑、街道与高速路上看到的河流的风景。碎混凝土再利用制成的石笼稳固了河流受侵蚀的两岸；从被拆毁的项目中收集的 14000 吨混凝土被填进了这些金属网格笼之中。水流能够穿过石笼，这在河流与陆地之间创造了一个复杂的边缘，分散了洪水与河流对堤岸的冲击力，缓解了堤岸受侵蚀的问题。

移除入侵植物物种，并在河岸边种上能抵御洪水的乡土植物与驯化植物。洪水来临时，宽阔的植物边缘能够过滤水流中的垃圾与沉淀物，同时与石笼边缘一样，植物降低了水流对河岸冲击的能量，减轻了河岸受侵蚀的问题。设计师选择墨西哥矮牵牛这类拥有深根和侧根茎的植物来稳固堤岸。整个场地的植物设计创造了一个美丽的公园，并指引了方向。蕨类植物、墨西哥矮牵牛和路易斯安那鸢尾为公园增色不少，种植在入口处的多年生植物形成了通向公园内的入口景观，并帮助游客指引了方向。

该项目最重要的成果之一就是将休斯敦城市与河流联系了起来。1.4 英里（2.3km）的廊道小径连接到整条河流 20 英里（32km）的河流小径中，并与休斯敦市中心联系起来成为一个更大的城市网络。12 条新入口将市中心街道网络与廊道连接起来，并为骑行者与散步者提供了斜坡道。一些小径通往水边的码头，人们能够在河流中划独木舟与皮划艇。其中四个入口有新式艺术作品标识，而所有入口都有标志性装饰植物种植，形成了进入河流区前的、迷人的入口景观。标志系统帮助游客辨别方向，也给游客科普了河流生态的知识。

“月相”照明形式巧妙地将游客与自然周期变化联系在了一起，同时也为公园提供了安全感。隐藏在高速路下方的与立柱上的照明灯随着月份更替缓慢地变换着颜色，满月时亮白色，到新月时逐渐变为靛蓝色。黑暗的夜空里昏暗的灯光最小化了光污染问题，

"月相"照明灯缓慢地随着自然界中月相的变化改变着颜色，将游人与自然的韵律暗暗地联系在了一起

使得夜间昆虫与候鸟不受光污染的严重影响。灯光照明、公园内外开阔的视野与开放性的植物种植给河流区域增加了安全感。随着这些措施在河流区域广泛的应用，越来越多的市民重新回到了河流边，在这里，他们能够再次接触到河流区域的植物与动物，以及感受到洪水爆发与平静的韵律。

通过提升和展示现有的生态系统，水牛河河口廊道大大强化了休斯敦市民与城市野生地的联系：这片城市野生地拥有时而涨潮时而退潮的河口、不同动物的迁移形式、狩猎者与猎物的恐怖以及鸣禽带来的美妙。

盐水溪流的恢复和公园，包括
游戏场、娱乐小道和运动场地

荷兰，费尔森 Velsen-Noord

设计：Bureau B+B 都市与风景园林与里昂工作室合作（阿姆斯特丹）

建成于 2012 年

47 英亩 /19hm^2

公园有着流线型的美：长长的蜿蜒向前的混凝土河岸，以及一个薄钢板桥

混凝土河道承载着重新恢复的希比克河穿过了公园

河道终止在一个新建的凹陷处，来自北海运河的盐水与来自希比克河的淡水在这里汇集，并形成了一个盐水沼泽

新建的沼泽满足了该区域的生态需求，从前这里的盐水沼泽是一个富饶的栖息地

4.4 威杰克罗格公园

一条溪流被包裹在两条平行的薄混凝土管道之中，管道或宽或窄，曲直变化之时，没有比精简高效一词更适合来形容这一现象了。威杰克罗格公园的希比克河是一个优雅的、精简高效的河道，同时也在景观高度工程化的区域中承担了大量的生态功能。项目恢复与新建了一条 0.9 英里（1.5km）的，曾被束缚在一条管道之中的淡水溪流，同时也开拓了一些曾经因建设基本住房而失去的盐水沼泽栖息地。

早在 21 世纪初，荷兰西部的海姆斯科克、伯威克和费尔森自治区合作进行了区域规划，以连接、保护并恢复景观系统。2009

年的绿化与水体规划利用穿过整片区域的一系列公园与绿道系统将城市与沙丘、河流、圩田联系了起来，同时扩展或创造了一些新公园来形成连续的景观基础设施。位于希比克河中心的一条路线，展示了消逝的沙丘流，并恢复了一些历史上曾统治这片区域的盐水生态景观。

从历史上看，希比克河是一个水文体系的上游源头，起始于北海的内沙丘，向南流向一个名为威基克米尔的盐水内陆湖，并与 IJ 河汇流，该河流向东流经阿姆斯特丹至北海中一个大型内陆海湾珠尔德兹依。虽然希比克河始于北海东部约 3 英里（5km）处，但河流经过近 93 英里（160km）的逆时针旋转才最终流入海岸远处的大海。

尽管，荷兰的水文系统进行了几个世纪的改造，但 19 世纪中期与 20 世纪早期的土地复垦运动彻底地改变了希比克河的水文和生态环境。1876 年，北海运河开通，直接将阿姆斯特丹与大海联系在了一起。希比克河是埋藏于几个世纪前的地下管道中的一部分，如今在地面上 3 英里（5km）径直流向大海，其间没有任何复杂的盐水湖泊、河流与沼泽。1932 年，包括珠尔德兹依在内的河堤建成，其后变为了一片淡水湖。随着开拓地的开发（堤坝围合出的干枯的湿地与潜水湖区域），大片的土地被用来建造居住区开发与农业建设。在这一过程中，这一地区的淡水至盐水的复合梯度显著地减少。

通过五种不同断面的利用，设计师们创造了多样的环境，从狭窄受限制的河道至宽阔的沼泽

该公园在生态恢复的同时提供了多样的积极与被动式休闲

溪流一路向南穿过了公园的中心，在进入通海运河前流入一片新的沼泽地

希比克河是众多流入湖泊的沙丘河之一；如今仅有该体系的痕迹遗留下来。威杰克罗格公园所在地早先是威基克米尔河河岸。小溪于公园北端流入湖泊，留下了 U 型的痕迹。作为更大的植物与水体规划一部分，Bureau B+B 事务所负责恢复河流的一部分作为公园的核心，同时也恢复曾经占主导地位的景观元素，盐水栖息地。

威杰克罗格公园恢复了一些希比克河的生态复杂性，并为人们提供了与之相互动的机会。一部分新的 0.9 英里（1.5km）的河道依旧遵循着旧溪流的方向，另一部分新建河道则是所谓更大的开放空间计划的一部分。设计师没有尝试去重现历史上的河流，相反，他们正在彻底改变社会环境的过程中恢复着生态结构和功能。

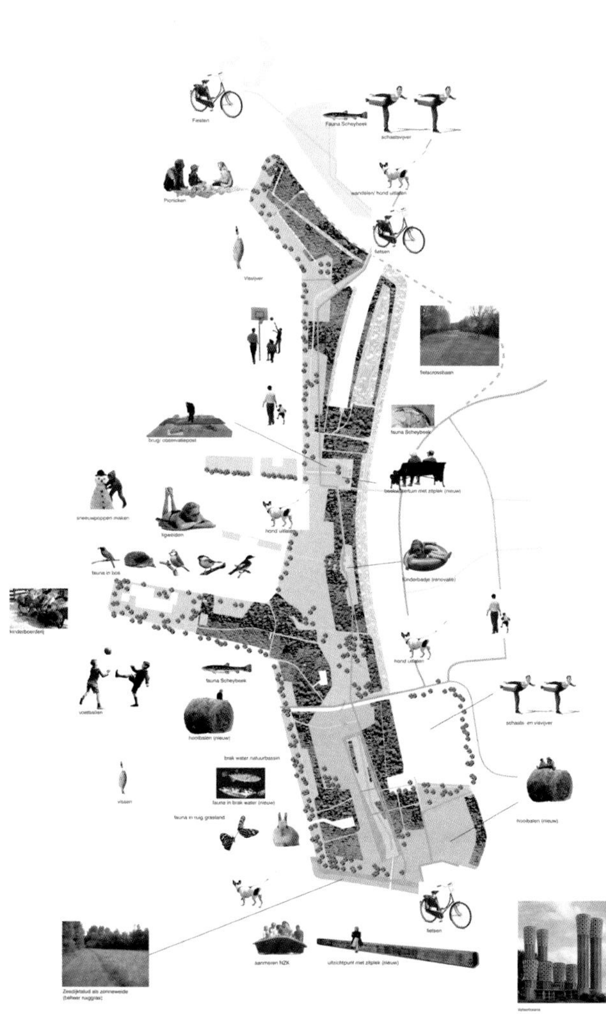
Fiesten
Fauna Scheybeek
schaatsvijver
Picnicken
wandelen/ hond uitlaten
fietsen
Visvijver
fietscrossbaan
fauna Scheybeek
brug/ observatiepost
sneeuwpoppen maken
ligweiden
hond uitlaten
fauna in bos
kinderbadje (renovatie)
kinderboerderij
hond uitlaten
fauna Scheybeek
voetballen
schaats- en visvijver
hooibalen (nieuw)
brak water natuurbassin
visssen
fauna in brak water (nieuw)
fauna in ruig grasland
hooibalen (nieuw)
fietsen
aanmeren NZK
uitzichtpunt met zitplek (nieuw)
Zeedijktalud als zonneweide
(beheer ruiggras)
16

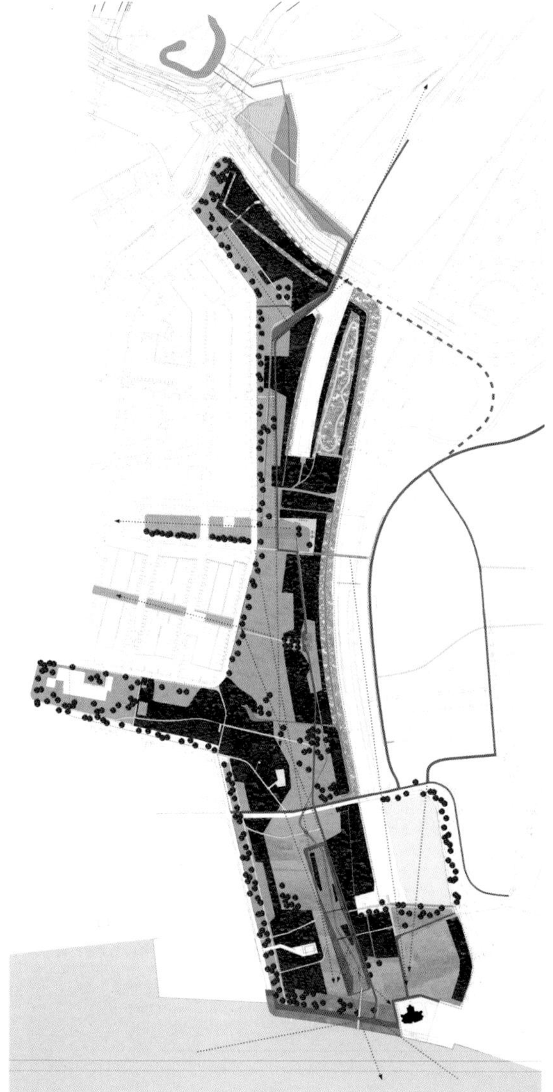

两个混凝土元素紧密靠在一起，创造了一条狭窄且流速快的溪流

溪流的自然水平面比地平线高 12 英寸（30cm），比周边圩田的排水沟高整整 39 英尺（100cm），这给了设计师不同寻常的机会来设计与溪流进行复杂互动的机会。以防公园变得乏味，并使溪流通向海堤，设计师需要在某种程度上对溪流进行约束。设计师创造了五种不同断面的预制混凝土来引导溪流穿越公园。不同混凝土的运用、溪流的一侧或两侧被硬化，两种混凝土元素相距的不同距离，创造了不同形式的溪流环境。在某些时候，溪流看上去似乎冲破了地表，仍然在它之前的水渠之中。而另一些时候，它是线性的、动态的和未来的。在其他时候溪流有着更柔和的美感，草从溪流边界溢出，维护堤之内形成了池塘。

由于溪流定期地溢流至新分级的公园中，这片混凝土边界围合的区域直接将过剩的水排入暂时的湿地之中，而在其他区域中，周边的地形被降低以建造池塘和水池。公园与海堤交汇于南部尽头，这里的地势被降低，形成了一个大型盆地，并拥有引人注目的混凝土边界。来自于希比克河的淡水流入了这块盆地，同时来自北海运河的盐水也汇聚进来，两者交汇融合，共同创造了一片盐水湿地，在形式上形成了鲜明的对比。整个公园的池塘与湿地、草甸与灌木丛再次重现了过去富饶的动植物栖息地。

公园呈现出干净、流线型的美感。步道、自行车道与溪流相互交错，游客行走道路其中若隐若现。在小路穿过溪流的地方，薄钢板桥如同盘旋在混凝土边界上。沿着河道，溪流扩大为一个水花园，周边有铺装与座位环绕。在同一轴线上，公园外有两个街区的住宅开放空间。水花园通向邻里轴线的尽端有着优美的景观，将邻里与溪流的气息联系了起来。在更远的南方，溪流再一次变得开阔；混凝土造型形成一个锯齿状平面，宽且浅的池塘，成为儿童游戏池。溪流中的卵石让孩子们可以塑造与改造河流形态，形成有趣的水体改造游戏。在南端，鱼塘也能够用于冬天滑冰。

在公园中，设计师仔细地设计了林荫区与小径网络，移除了一些树木，以安置沼泽与景观空间。大树与灌木围绕着小溪旁不同的池塘，在公园中形成了长长视廊，通向不同的水体。这些视廊吸收了周边邻里并展示了新建的沼泽与溪流。

威杰克罗格公园恢复了之前溪流的生态结构与功能。虽然距离恢复以前的大型湖泊珠尔德兹依来说还是相当小的一步，但已恢复的这些沼泽成为重要的栖息地斑块。公园洁净、现代的形式说明了生态恢复不一定就与人类历史背道而驰。混凝土元素在引导水体进入盐水运河的过程中发挥了重要的作用，同时也唤起了溪流工业历史的记忆，提醒人们关注能量与对技术的控制。全面的、优美的线条是非常有效的空间塑造形式，将公园与城市的美好愿景紧紧结合了起来。

景观—基于气候变化的弹性规划，提供了防洪措施，以及溪流恢复、游乐场、休闲道路和场地以及一片盐水沼泽地

丹麦，科科达尔

设计：Schønherr A/S（丹麦，奥尔胡斯）

Bjarke Ingels 事务所（哥本哈根）

Rambøll Danmark A/S（哥本哈根）

建成于 2012 年

47 英亩 /19hm^2

4.5 科科达尔气候适应计划

大型的渗透盆地在晴天即是草坪与下凹式绿地。这些区域里的雨水存蓄池是个例外，仅在暴雨时才启用

科科达尔，一个距离哥本哈根北部约 20 英里的城郊，在 2007 年与 2010 年乌瑟尔德河一带遭受了严重的洪涝灾害。经过几十年的发展，这座城市的雨洪下水道系统已不够用。城市规划者决定将雨洪下水道问题转变为具有未来发展性的，基于气候、经济与人口预测的示范性项目。

科科达尔气候适应计划是丹麦最大的，因气候变化而进行的城市更新项目，但它不仅仅是一个有弹性影响力的城市设计。该计划首先缓解气候变化带来的负面影响，将之转变为城市舒适的环境，并改善当地自然生态系统的功能，增强公民自豪感和地方

认同感。Schønherr A/S 领导的团队在其参与的郊区改造中认为技术是社会的，社会也是技术的，解决基础设施问题的工程方案也应该是社会和生态问题的解决方案。以景观为基础的基础设施被设计来减缓水流流速，使地下水更新，去除水体污染。考虑到洪水的存蓄功能很少使用，管道和存蓄区域被设计成在科科达尔中日常使用的连接通道、娱乐场地，以及吸引人的社交与教育空间。

虽然气候预测模型有很大不同，但保守估计科科达尔会较目前于冬季多降雨，夏季少降雨。但据预测，那些不多的夏季暴雨会比现在的更加强烈，暴雨强度会增幅 20% ~ 40%。2007 年的洪水是由持续的、淹没大地的暴雨所导致，2010 年的洪水则是迅速的、高密度的暴雨带来的结果，这展现了夏季雨洪对未来的城市产生的影响。在约一小时内，乌瑟尔德河上升了超过 3 英尺（0.9m），超过雨水下水道系统承载极限，淹没了河东约 50 座房屋。现存的雨洪系统并没有为这种迅猛的、高强度的雨洪问题而设计。

气候适应计划连接了市中心，往左，是乌瑟尔德山谷，往右，穿过了一系列水道、盆地和沼泽。当斯河与乌瑟尔德河流的汇集处在计划的最底部

永久的水体一直留存下来，活跃了城市气氛。这个平面图展示了城市中心循环水道和喷泉的线性形式，以及永远存在的河流

较小的洪水被渗透盆地、洼地和沼泽系统存蓄起来。这个弱洪水平面图展示了雨水流入了一系列的洼地、雨水花园和池塘中，减缓了暴雨雨水进入河流的流速

规划允许东部大部分被洪水淹没，保持西部为娱乐活动而开放

为规划未来，该城市需要一个有弹性的，能适应这种不断变化的水文情况的雨洪基础设施，以容纳短暂、迅速的雨洪水量。为此城市举办了一场设计邀请竞赛，要求各家公司来用设计解决洪涝问题的城市景观，并应对三个附加的挑战：不论晴雨天，雨水系统都需要融入城市脉络；利用水文景观来给支离破碎的城镇增加凝聚力和联系感；提供开放空间以供居民活动与聚会。Schønherr A/S 提供了一个优雅的三级解决方案，包括永久的池塘、溪流和管道，以及遍布于城市的宽阔的绿色空间，这些空间被塑造成各种形状以存蓄，和输送缓慢或湍急的各种暴雨洪水。

科科达尔位于乌瑟尔德和当斯河交汇处的正北，乌瑟尔德河谷将城镇东部一分为二。这条河谷由冰川融化而形成，侧面受限，缺少能够容纳洪水的宽阔的漫滩。该区域逐渐被开发，不透水的铺装代替了能随时间吸收水体，扩散暴雨的森林和草甸。结果导致河谷持续泛滥，除非降雨在达河道的上流被截住。城市设计是科科达尔的三个主要项目之一：一个为区域提供娱乐活动，并连接诸如学校、体育中心、商业区和护理中心等城市中心的开放空间；一个为乌瑟尔德河建造了保护性河堤和一条双流管道的防洪减灾

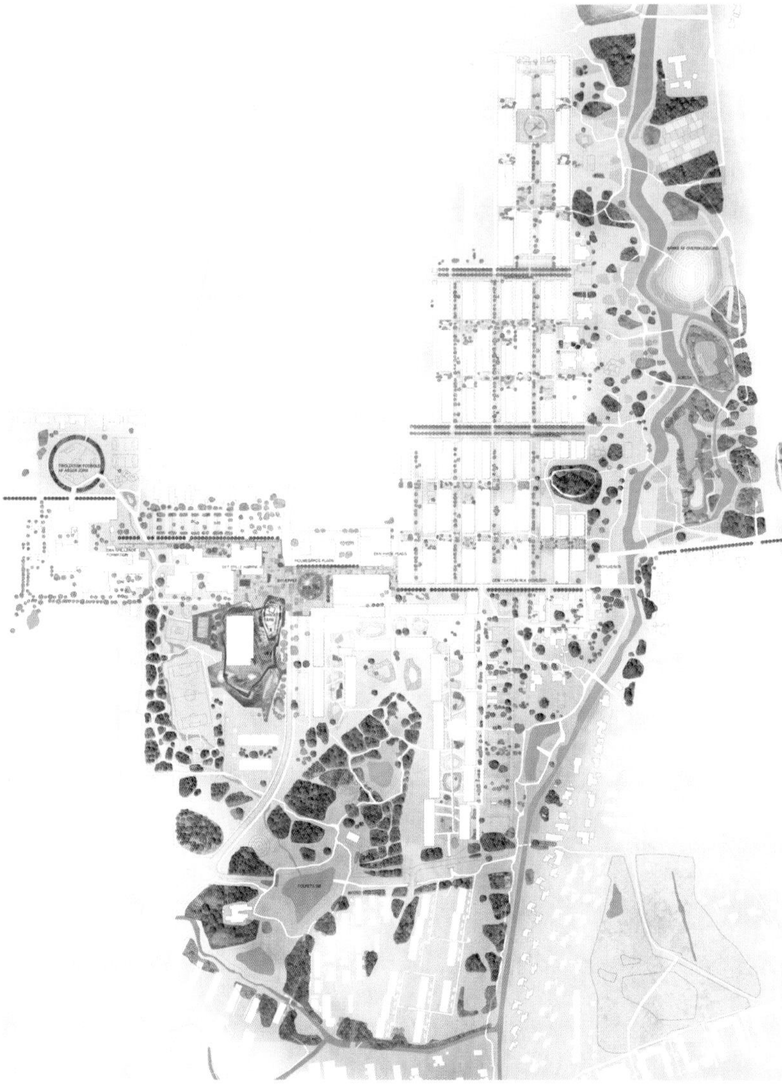

Det permanente vand

Det midlertidige vand

项目；以及周边公共住房的全面翻新。

Schønherr 建议利用河流作为这些计划的核心，将河流从危险的事物转变为社区设施和身份来源。该计划利用三个策略来创造一个抵御洪水的景观，它是提升城市和生态的催化剂。它首先将洪水管理景观作为开放空间，其次是在所需的几天内作为控制洪水的盆地。它设计的公共空间建立在最大潜力的生态形式、组成与功能之上，并完全将开放空间融入城市网络，将这座有着许多南北向横穿河谷的诸如铁道与高速路的障碍的城市统一了起来。

该计划的主要目标是提高面对预测中不断增加的洪水时的城市弹性。考虑到河流的局限性，最好的办法是减少到达河流的雨水，减缓整个雨洪链。让雨水渗透进地下比让排水管道迅速地将洪水排入河流中更能降低与稳定洪流。该计划倡议切断所有的雨水收集点——屋顶、道路、人行道和停车场——与管道排水系统的联系，从而使得所有的雨水渗透进不同社区和地区的场地中。

雨水在一系列经过精心设计的区域中运动，从线性的城市管道，以运载来自城市非渗透性表面上的水流至存蓄水体的植被开放空间，以使雨水渗透入地下并最终流入河谷。在城市区域，水流在管道、方形池塘与圆形溢流口中形成各种形式。在中间蓄水景观，水体在三角洲、沟渠、洼地中形成多样不规则的形式，作为城市中心与河流过渡区的标志。

该项目包含三个雨水系统：一个永久的，在循环的水体基础设施；一个可容纳五年一遇暴雨的存蓄系统；以及一个解决二十年一遇严重洪灾的溢流系统。永久的系统将过滤后的雨水为市民服务。它在居民与河流之间创造了可见的联系，并为居民提供了定期与水互动和游戏的地方。基础设施的第二层，水被滞留在可作为休闲娱乐空间的临时控制区，或是在科科达尔北部边界的阿尔达沼泽区。东西方向葱郁的植被小径将水流运载至河流之中，通过雨水花园和池塘来减速，并在它进入河流之前对其中的污染物和碎片进行过滤。该系统在北部有着更加线性的形式、更多的城市区，在南部则有更加蜿蜒的形式，更多的城郊区。

气候适应计划优雅地将自然系统和过程融入至城市脉络之中。

在城郊边的城区，路边的渗透洼地减缓和过滤雨水，并使雨水渗入地下

洼地成为新建社交空间的中心，为邻里间交流集会提供了机会

重新设计的乌瑟尔德河谷恢复了随着时间被破坏的生态型，也恢复了河谷从前丰富的生态多样性

通过将基础设施首先构建为开放空间，规划确保将继续维护城市中很大一部分的绿化，确保了栖息地保护和增强的可能性。小心地去除一些植被并增多一些其他区域能使得集会空间、游泳区域和体育运动区等社交活动融入丰富的景观之中，包括草地和牧场、河流和沼泽、灌丛和林地。乌瑟尔德山谷以前是一片物种丰富多样的区域；经过改进的泄洪道还将为鸣禽、蜜蜂和蝴蝶、两栖动物和爬行动物，以及小型哺乳动物提供更好的栖息地。

在竞赛方案中，科科达尔的一部分包含了混合的冰川土壤：融水黏土，沙子和砾石沉积，与后冰川时期的泥炭。每一种都对不同的植物和动物有着重要作用，设计师们仔细研究了山谷的生

态承载力。设计开放空间是为了改善当地生态系统的结构和功能，用并用生态断面来支持这个冰川融水形成的河谷。现存的，经过管控的森林为哺乳动物和猛禽提供了住所，而种植在灌木丛、矮林中的灌木和果树则为鸣禽提供了筑巢和取食的区域。该方案再造了早期的溪流和湿地环境：森林湿地提供了适合两栖类和爬行类生存的凉爽、阴暗、潮湿的区域；沼泽为昆虫提供了栖息地，而反过来，昆虫也成为蝙蝠和燕子的食物。同时，扩大的湖泊和加深的沼泽为两栖动物，鱼类，鹅、天鹅、鸭、小野鸭等水禽提供了住所。

该蓝绿基础设施的产生的催化剂是来自于建造区域以减缓、

为儿童提供的游戏区允许他们去探索河流的生态

净化和冷却雨水的需要，即把雨水渗透入地下而不是排入河流的需要。但在为大部分的晴天时节所进行的场地设计中，该规划也为居民的偶遇创造了机会，并增强了城镇的社区凝聚力。该规划将雨洪系统转变为了一个积极的娱乐中心，并利用气候适应计划促进了城市的活力。

科科达尔的交通连接存在问题。该城镇有着许多南北方向的障碍，阻碍了东西方向的交通。铁路轨道、公路和河流阻碍了邻里间的便捷沟通，导致了居住在不同地区的不同的社会经济群体之间社会碎片化。更糟的是，现有的人行道看上去并不安全；它们狭窄且光线不足，导致深夜以后行人活动非常之少。

设计师将河谷设想为一个宏伟的景观空间，向城市网脉开放并与之合并。该规划将河谷划分为一个东边的三角洲区域和西边的社交（可淹没的）空间。东部的缓坡能承载较小的洪水，而西面的开放空间网络则提供了能够容纳更加剧烈的暴雨的高地。出于吸引人的目的，设计师们在西面的山谷设计了众多的活动，同时一条横向的小道将市中心与新激活的冰川谷连接了起来。运动场和休闲小路为活动提供了场地，场地中轻微的凹陷区可容纳低强度的暴雨以及将极端暴雨情况下的雨洪溢流至河流中。社区园艺区和聚集地是会见新老朋友的安静之所。一个大型铺装区可以用作广场或圆形剧场，同时也提供了一个通往山谷小径通道。戏水区允许人们从其上蹚过和在其中游泳，且不会危及栖息地区域。在整个区域中，该规划倡议为改善栖息地而清理植物，同时也设计了区域内外长长的透景线，提高了场所的安全感。在设计中，水作为一个线索联系了社区、一个聚会点和一个新的遍布于河谷的交通网络。

在城市中心，该规划提出了三个新的城市元素来连接雨水、民众和活动：一个织毯、一片草坪和一座岛屿。织毯是城市蓝色结构，是一个起连接作用的铺装网络。在规划中心，一个圆形广场充满了雨水并将水再循环使用于戏水池。运河收集雨水并将之引导至山谷内的存储洞之中，同时也在连接城镇中心与山谷的蓝色设施中进行再循环。科科达尔学校外部的教育性管道包括了许多游乐设备，例如一个阿基米德螺丝、一个活塞泵、水坝、锁和波浪池，让孩子们能够去探索在城市中穿梭的这些元素。位于城市中心南端的草坪包含并连接了重要的体育设施，一个体育馆、一条轨道以及沿着一条蜿蜒向南流入当斯河的小溪而设的游戏场地。在这里，体育场地也是抵御洪水的一个主要场所；在暴雨时，这块区域蓄住了大量的雨水，减少了流入河流之中的雨水；岛屿作为第三个城市元素，稳固并连接了城市中心与山谷。在这里，有一座建有水塔的山峰，强化了科科达尔雨水城市的特征；有为满足居民需求而提供的社交活动空间：现存的体育馆用来交换和储藏财产；有可以骑行和滑冰的山丘；同时在缺少私人车库与车道的区域设置了与车有关的工作和洗车的共享空间。

科科达尔气候适应计划是一个前瞻性的城市设计，将一个充满希望和美丽的设计与不确定的未来结合起来。虽然气候模型对未来场的景进行了广泛的预测，但所有的迹象都说明了未来的气候环境会发生明显的改变。城市是长期发展的，我们的城市需要对所能见到的长远未来作出回应。如果最近发生的事情算作指示物的话，这表明往往最贫弱的、最脆弱的社会成员在“自然”灾害中容易遭受最大的打击。在科科达尔，与乌瑟尔德山谷直接相邻的许多社区都是公共住房。该气候适应计划将城市的脆弱性转变为一个洪水解决方案，提升了社会资本并改善了生态健康。

MoMA

第 5 章

可食用的景观

城市中的农业

最初的城市在城墙内设置有满足物质供应的场所。现存有无数个案例，其中1748年罗马的Nolli地图是一个众所周知的例子，其展示了城墙内花园、果园、葡萄园和农田。随着工业化的发展，食品生产经常被移动至城市中心外（显然，在前工业时代的城市，内陆地区提供农生产和作物、肉类和乳制品，这对城市生活至关重要）这种地位变化的因素包括土地价值的提升；食品的生产、加工和配送的效率提升；对城市环境安全的担忧。

自1860年代以来，城市粮食生产历经了兴衰的人气，通常与经济有着直接关系。衰退、萧条和战争都会导致城市农业的复苏，无论是1890年代的土豆片运动、1930年代的大萧条花园、第一次与第二次世界大战胜利花园还是更近的城市家园的运动都是如此。通常情况下，这些运动，虽然流行并成功过，但一旦没有了外部社会或经济的压力，它们便不再持续下去。城市花园和农场在解决未充分利用的和低价值的土地问题上具有吸引力；而当土地价值与发展压力增加时，它们的吸引力就少了许多（对土地所有者和开发者来说）。而且不可否认的是工业食品系统非常的便捷。在土地中培育和维护食物不仅消耗时间也非常困难。

然而，城市农业仍然存在着，并且人们对此的兴趣激增。美国社区园艺协会于1998年的调查（可获得的最新数据）中指出，社区公园的数量比五年前调查的结果增加了22%。调查还指出，最常见的都市农业是社区花园，数量远超第二、三名的公共住房和学校中的花园。虽然最近增加的一些兴趣肯定是归因于2007年初开始的经济衰退，但有些并不是基于经济问题。对工业食品系统存在的深层不信任。持续的食品供应系统流水线意味着更多的食物经过更少的加工和配送工序，使得食品供应极易受到负面影响。20 世纪 90 年代末的疯牛病骚乱和 2012 年的“粉红肉渣”使得我们的肉类供应质量遭受了怀疑。从伦理学的角度来看，对工业化农场中的动物进行处理、不断减少的产品物种多样性以及转基因食品作物对周边生态系统造成的未知影响等因素都阻碍了消费者前去购买。工业化农业对地球的影响——从肥料和农业废弃物对河流的影响到大量使用化石燃料的全球粮食分配系统对气候的影响——令许多人忧心忡忡。对肥胖和糖尿病的关注引起了在美国食谱里增加更多蔬菜的呼唤。同时消费者越加希望食物成熟后便立即采摘并迅速销售，以及希望有更多种类和口味的食物。健康、能源、经济——这些都与一个看似简单的问题交织在一起“晚餐吃什么？”

所有这些问题——环境的、生态的、伦理的、实际的、感觉的——都有助于复苏对食物系统进行学习和研究的设计专业，该专业采用一个更小的规模和更加综合的方式。自 2000 年起，关于食品的学术研究激增：包括社区花园、食品系统、农业城市主义、都市农业、地域食物、100 英里日常饮食以及慢食。但是大型的食物生产、加工和分销系统不可能消失，设计师们在探索如何增加食物的选择，并从城市内部提供城市所需的一部分食物。

风景园林师很少设计都市农业的场所。这些农场和花园确实需要设计，但它们灵活响应的是农民和园丁以及作物本身的需求。通常来说设计是很简单的，形式基于模块化的区域或行列，并围绕着灌溉系统的灌溉范围、设备的尺寸或者手臂的接触范围来布置。类似于生态，对风景园林师来说，都市农业更是一个概念而不是具体的场地。不只是设计场地，风景园林师能够帮助建造体系，并建立人、场所、食物生长加工销售、食品消费和城市废物再利用之间的联系。通过研究城市农业，设计师们能够将它结合至一个公园、一个住宅开发或是一个社区中心的项目当中。

美国规划协会将城市农场描述为商业的、非商业的或者两者混合的，并进一步区分城市农业的目的。农场或花园的作物种植可能主要用于消费、出售或捐赠、教育、经济或社区发展。本章中的项目展示了都市农业的范围，以及城市中各种可供植物生产的地方：建筑墙壁、屋顶和立面；废弃的或未充分利用的地段；棕地。这些项目展示出了相对永久的解决方案——在地表和结构上——也是一种模式化与临时的系统，来解决城市农场土地使用权问题。

一个屋顶花园展示了漂浮于地表之上的农场所具有的潜力与挑战。在芝加哥，加瑞·科姆尔青年中心屋顶花园是一个非商业性的、兼具社会性与教育使命的可食用花园。该中心提供了一个安静且安全的避难所，避免了邻里间经济与社会方面的问题，并给孩子们一个切实的方式来影响他们的环境。有研究显示，即使是能够改变一个小小的物理空间，也能缓解个体在面对庞大系统（社会的、经济的）时无法控制的无助感。园艺让园丁变得强大。

西雅图的一个社区花园将园艺作为一个公共和社会的活动。贝肯食物森林利用朴门永续设计原则来进行多层植物种植，在一个种植床中包括了从根部和地面覆盖物到树冠层和藤本植物。它也是完全对外开放的——任何人都可以收获食物——将生产的食物与需要的邻里进行分享，并鼓励他们与其他人一道参与到园艺中来。花园培育了农产品，也培养了社区。

两个模块化农场解决了城市土地使用权以及对城市土壤污染担忧的问题与困难。在柏林，富林斯恩花园即是一个移动式花园的案例：农民拥有了一片受污染的土地及一个模块式的容器农场。这是一个社会使命的基层园艺；所有的区域都是开放的，所有的农产品可以提供给任何人，同时还有一些活动和一个咖啡厅来鼓励人们在柏林墙的阴影下被废弃的土地上开展各种社会活动。在纽约的现代艺术博物馆 P.S.1 当代艺术中心里，P.F.1（1 号公共农场）展示了一个类似的模块化方法，同时有着更加严密的设计并意图成为模块式都市农业的模板。通过抬升结构上的一些园艺模块，设计师创造了一个起伏的地形，景观在这层农业的薄皮上下展开。

最后，古纳瓦尔德公共果园展示了融入城市肌理的食物生产，表明了在城市中的食物生产不仅仅只有一种功能。道路与广场与生产食物的植物组织在了一起：果树和浆果灌木。他们的颜色和结构有助于居民和游客辨识方向；树篱墙引导了主道路，庭院通过食品生产（水果、坚果、浆果）和各种花、水果和秋叶的颜色组织起来。通常，农业被认为是其本身的一种东西（一个农场、一个温室、一个社区花园）。古纳瓦尔德公共果园项目提醒了设计师，农业生产可以作为一个充满活力的社区设计中的额外收获。

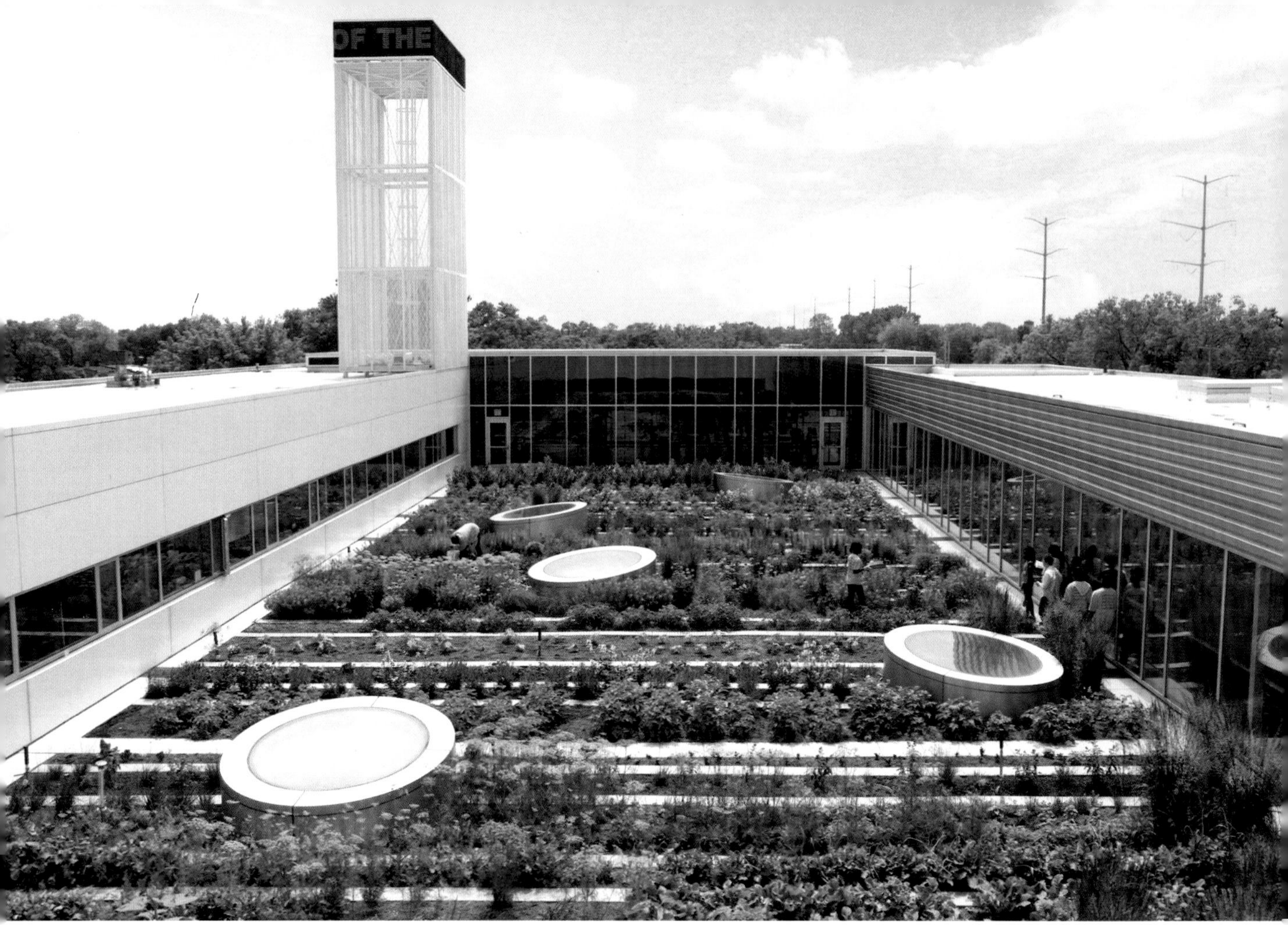
OF THE

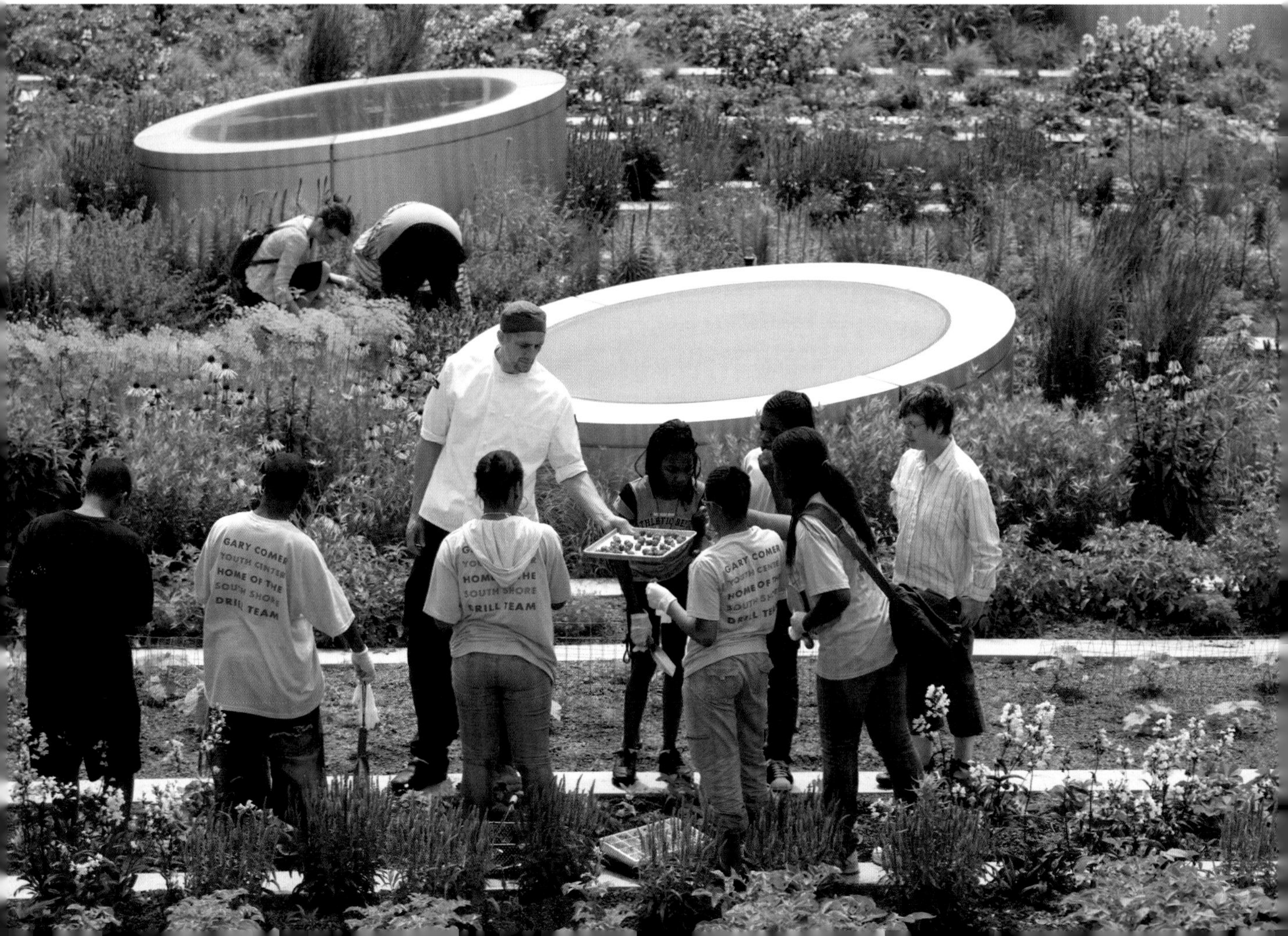
GARY COMER
HOME OF THE
SOUTH SHORE
DRILL TEAM

屋顶花园，教授孩子们种植、加工、保存和烹饪的技艺

伊利诺伊州，芝加哥

设计：彼得·林赛·绍特，霍尔·绍特风景园林师（芝加哥）

约翰·罗南建筑师（芝加哥）

建筑设计

建成于 2006 年

8,160 平方英尺 /760m^2

加瑞·科姆尔青年中心屋顶花园为孩子们的游戏和学习提供了一个安全区域

孩子们在花园里学习园艺和营养的知识，生产的产品被供应于下方的咖啡厅之中。但花园的课程并不仅限于食物的课程；在这里同样会教授商业、数学和环境科学

5.1 加瑞·科姆尔青年中心屋顶花园

芝加哥南部街道有一座双层建筑叫加瑞·科姆尔（Gary Comer）青少年活动中心，孩子们在这里学习着园艺。在周边邻里难以接触到健康食物或安全的户外空间的情况下，该建筑屋顶将劳作的蔬菜花园变为了一个美丽愉悦之处。花园不仅种植有机蔬菜，还培养了学生的园艺、营养、小型商业管理以及其他更多方面的能力和知识。

加瑞·科姆尔青年活动中心坐落在一个占地 75000 平方英尺，结构清晰明快的三层建筑中，该建筑位于一个双层体育馆中央。

体育馆之上是屋顶花园；环绕着中央地块外围有着一圈较高的建筑，包括办公室、计算机实验室、图书馆和会议室；结果就导致了屋顶花园完全被三楼封闭环绕；在楼层走廊中穿梭的学生能够连续地看见花园。窗棂的线条延伸至花园的水平面，并将该园分割成了一系列线性的种植床。圆形天窗为下方的体育馆提供了日光，并创造了有趣的花园肌理，同时薄厚相间的土壤里种植了装饰性花卉、提供遮荫的草丛以及各类蔬菜。

该中心位于芝加哥大十字路口的南部地区。该地区是一个三角形，由西面的 I-90 高速路，东部的铁轨和北部的橡树林公园围合而成。这片区域大多是紧密相邻的一、二层住房，霍德公园与保罗·莱沃（Paul Revere）小学位于该区域中心。Land's End 服装公司的创始人加瑞·科姆尔在这片地区长大。他最初的建筑计划是为南海岸训练队提供一个练习的场地，该训练队是一个表演团队，帮助孩子们学习在学校生活中所需的积极性与纪律性。最初的要求非常简单：加热空间，较少的窗户以避免枪击事件，易维护的表面以容纳不可避免的涂鸦。随着科姆尔对这个项目的热情越来越高涨，最终的建筑不仅能够满足这些务实的要求，同时还有其他方面的特征。该中心为学生们提供了一个安全有趣的场所，大家在其中能够学习计算机技能、完成家庭作业与接受辅导、打篮球、跳舞、录制音乐、创造艺术、在屋顶花园上学习园艺、烹饪以及管理一个小事业。

花园和建筑是一个综合型设计；从走廊看向花园，将它融入建筑内的日常生活，同时延伸出窗户的线条形成了种植池

该地区如同食物的荒漠；当地的加油站是社区里唯一能买到食物的地方。同许多食物匮乏的情况相似，食物种类的单一使得居民难以买到新鲜、健康的蔬菜。这个屋顶花园则教授学生们种植蔬菜的方法，同时在一楼厨房里，他们还能够学习到如何去为丰收做准备以及如何保存这些丰收的食物。在花园工作的学生也能够将生产的蔬菜带回家去。花园每年生产超过 1000 磅的有机蔬菜，这些食物有多种用途，既提供给一楼的咖啡馆，也卖给当地的餐馆和农夫市场，同时也提供给学生们自己食用。

由于种植蔬菜非常重要，这个花园成为学生们学习、为大学备考以及为工作做准备的地方。除了园艺和营养课程，花园还用来教授数学、商业、环境科学，以及屋顶绿化技术等课程。绿色

职业探索计划中的学生能够学习有机园艺和小型商业管理，并在夏天获得工作津贴。保罗·莱沃小学的孩子们会来到该活动中心的屋顶花园上园艺课程。

屋顶花园中的土壤生命力是重要的关注点。该培养基有 18 ~ 24 英寸（45 ~ 60cm）深，使得根系得以健康生长。（相比之下，最薄的景天科屋顶绿化的培养基仅有 2 英寸或 5cm，而 6 英寸、10 ~ 15cm 是被认为足够使大部分屋顶植物存活的深度）。深厚的土层也带了重量的增加，特别是当土壤饱和的时候。轻质的培养基填满了轻质的骨料，以便于排水、为泥炭藓保水、植物堆肥以

花园混合种植着作物、草药、草和花卉，同时采用轮种以保持土壤的健康

太阳光活跃了花园气氛，并将光线带入了下方的体育馆

及应用有机肥。土壤定期施以茶肥，同时作物轮作以增加营养和预防土壤衰竭。但设计师们也承认，土壤的寿命并不可知。为了种植好的蔬菜产品，农场必须拥有优质的土壤。在科姆尔中心，花园一直接受着监测，以了解土壤随时间变化的情况，并为未来的屋顶园艺项目积累最佳的实践经验。

该花园的微气候设计非常具有创新性，对风和阴影进行控制并再利用建筑中的热量，以延长舒适的、利于蔬菜生长的气候时间。

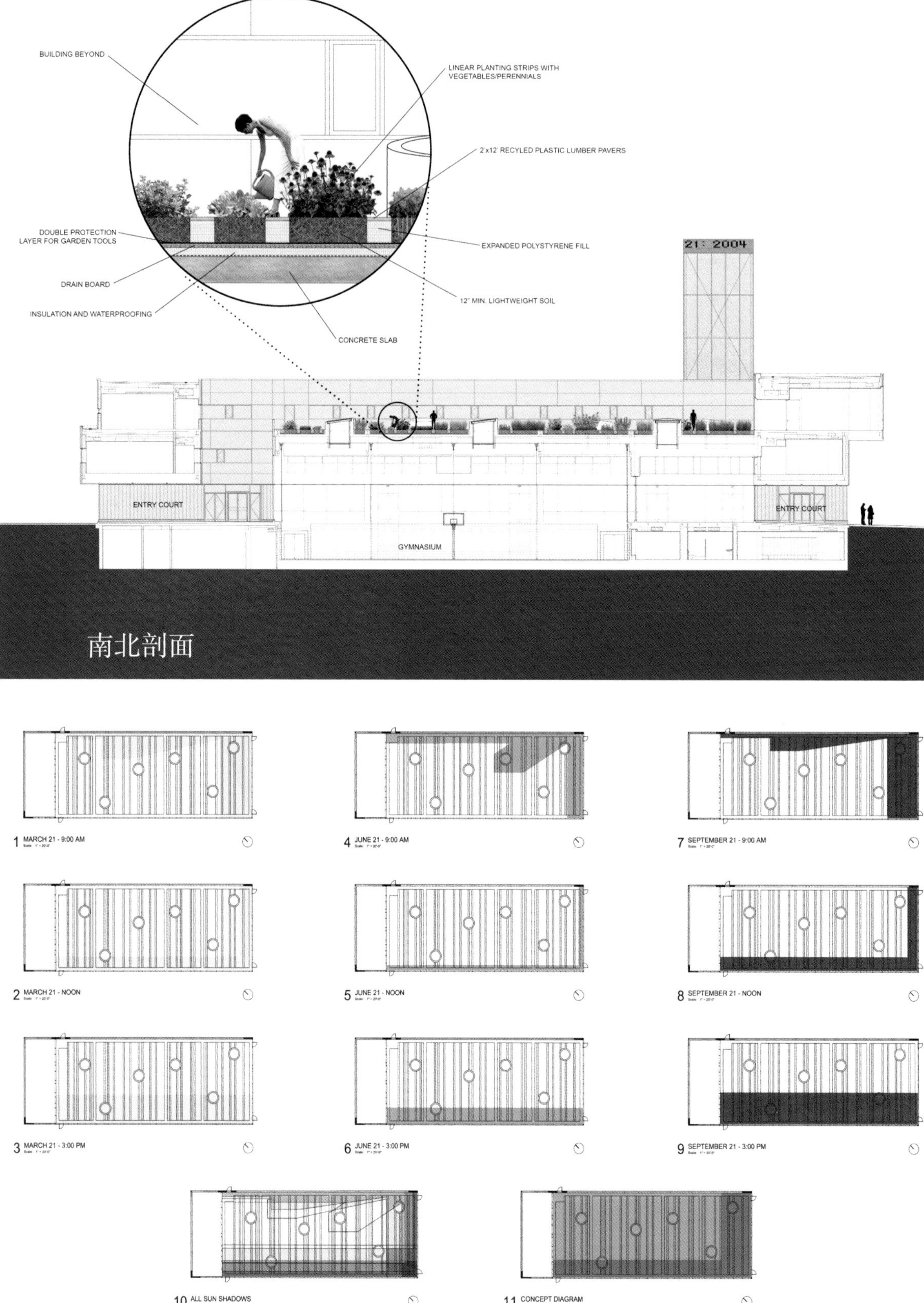

BUILDING BEYOND
LINEAR PLANTING STRIPS WITH VEGETABLES/PERENNIALS
2 x12' RECYLED PLASTIC LUMBER PAVERS
DOUBLE PROTECTION LAYER FOR GARDEN TOOLS
EXPANDED POLYSTYRENE FILL
DRAIN BOARD
12" MIN. LIGHTWEIGHT SOIL
INSULATION AND WATERPROOFING
CONCRETE SLAB
21 : 2004
ENTRY COURT
ENTRY COURT
GYMNASIUM
南北剖面
1 MARCH 21 - 9:00 AM
4 JUNE 21 - 9:00 AM
7 SEPTEMBER 21 - 9:00 AM
2 MARCH 21 - NOON
5 JUNE 21 - NOON
8 SEPTEMBER 21 - NOON
3 MARCH 21 - 3:00 PM
6 JUNE 21 - 3:00 PM
9 SEPTEMBER 21 - 3:00 PM
10 ALL SUN SHADOWS
11 CONCEPT DIAGRAM

高大的草丛在夏季提供了阴凉，对阳光和风环境的研究则有助于最合理地设计周边的墙壁,以便在冬季阻挡寒风,在夏季提供阴影。蒸腾作用有助于缓和夏季的炎热，同时来自一个大型圆形排气孔的温暖的空气则有助于在冬天保持花园里的温度。花园的微气候比周边地区在冬季高了 20 摄氏度，在夏季低了 10 摄氏度。作物圈的应用也延长了生长季，让抗寒植物得以度过芝加哥驰名的寒冷冬季。

科姆尔中心的屋顶花园注重教育和技能的传授。在学习蔬菜种植的过程中，学生们还要学习营养、烹饪、健康习惯以及商业管理的技能。该项目非常成功，已扩展为一个穿越街道的、15000 平方英尺的社区花园。该花园的基址原为加油站和石化产品分销中心，属于棕地类型。土地已被净化至能够达到美国环保署最严格的居住标准，这块土地如今成为一片有机农场，种植了水果和坚果树以及在屋顶花园中种植的行播作物。正如屋顶花园，教育也是社区花园的关键。这两个花园都提供了系统化的规划来使学生重新接触种植、加工、保护和烹饪。周边的户外环境可能会令人害怕甚至是存在危险，但这片区域中的屋顶花园则为学生们在户外动手学习提供了一个平静且安全的地方。

建筑缓冲了进入花园的寒风，创造了温暖的微气候，并延长了生长季

设计团队通过对阴影的研究决定了最佳的建筑质量和植物位置

KOBALT

公共食物生产，在永久持续设计理念下的邻里果园与花园

华盛顿州，西雅图市

设计：格伦·赫利希，马格丽特·哈里森，哈里森设计事务所（西雅图）

珍妮·佩尔 Permaculture Now！事务所（西雅图）

第一阶段建成于 2013 年

7 英亩 /2.8hm^2

5.2 贝肯食物森林

由西雅图交通运输部储备的再生混凝土建造的“都市人”挡土墙将场地的斜坡改造成为了台地

在距离西雅图市中心南部 2 英里的贝肯山区域，毗邻公园有一个狭窄、倾斜的地块正被改造为一个可供食用的植物园，任何人都能够去采摘内部的食物。贝肯食物森林将会成为美国最大的、根据可持续原则而设的、位于公共土地上的食物森林之一。一个董事会成员认为这是一个具有多样功能的场地，包括聚集社区成员、种植食物、恢复生态系统、更新公共土地、改善公共健康、提升食品生产对气候变化影响的认识以及保证当地粮食供应的需求。

贝肯食物森林将被忽视的土地开发为都市农业，与一般的社

区花园模式有着两个显著的差异。首先，土地被开发为一个食物森林，采用多层种植的可持续设计策略。其次，食物森林的目的是成为社区的资源——生产的食物将会提供给任何想收获它的人。作为一个可持续的优秀项目，食物森林起始于 2009 年。格伦·赫利希是邻里组织杰斐逊公园联盟（JPA）成员之一，在这个项目中探索着城市公共土地利用的创新方式。西雅图在 2000 年已通过了专业公园征收税费法，物业税为每 1000 美元的地产价值征收 0.35 美元税费，以供建造新公园、为管理人员付工资以及对城市中现存的公园进行改造。位于贝肯山的杰斐逊公园即从征收的税款中获得了分配到的 800 万美元以供发展建设。43 英亩（$17hm^2$）的区域有着两个属于西雅图公用事业局（SPU）的开放水库，一个已经废弃，而另一个则被重新设计为了一个地下蓄水池。其上的土地被再开发，形成了一个开放草坪、运动场、一个圆形剧场、一个游乐场以及一个滑板公园。在新公园的西部，一块 7 英亩（$2.8hm^2$）的条状坡地被遗留在了公园设计之外。赫利希与他的项目团队提议将这一山坡改造成一个生产性的社区资产——食物森林。

JPA 支持了这一想法，同时成立了一个指导委员会来执行计划，该委员会最后也成为了贝肯食物森林的好朋友。西雅图市政府提给该项目拨款 2 万美元以对食物森林进行更加详细地设计，包括邻里会议的公共投入在内，最终项目的第一期建设获得了 10 万美元，以及另外 86000 美元来进行社区建筑与工具棚的设计与建造。贝肯山是拥有美国最多邮政区域的地方之一，同时食物森林也通过大力的宣传获得了广泛的社区支持。周边居民背景多样，包括日本人、中国人、越南人，老挝人、韩国人、菲律宾人、萨摩亚、印第安人、白人以及非裔美国人在内的居民都将贝肯山视为自己的家园。经过公众讨论，社区活动、工作聚会、邻里都被积极地吸收进该项目之中。最终，植物从约一百棵变为了一千棵，

项目开始于场地地表物理形式的改造，社区成员除去杂草，覆盖上纸板、肥料和木屑

自最开始，项目就收到来自整个社区的设计反馈和建设的支持帮助。在这里，社区成员将纸板箱裁成平板来进行护根

包括了来自世界各地邻里故乡的可食用植物。

食物森林的主要构思是模仿大自然的自我调节系统。它包含了七层植物：大型树冠层；中型的林下层，通常为矮生小乔木；灌木层；蔬菜和多年生作物层；块根植物层；地表植物层；以及攀缘植物。植物聚集为一个“协会”——一个植物互惠互利并为有益动物与昆虫提供栖息地的共同体。诸如蓍草与花香菜那样宽阔且扁平的植物为瓢虫提供了栖息地，而瓢虫会吃蚜虫这样的有害昆虫。而开花植物为传粉昆虫提供了食物，反过来这类昆虫也确保了植物的高产。由于植物间没有便捷的沟通通道，应尽量避免植物的单一成片种植，以防病虫害爆发。同时还选择了能够改善土壤健康的植物：羽扇豆这类植物给土地提供了氮元素，有助于树

在公园建造的早期，社区成员在场地上做上标志以表明他们在该区想要种植的植物

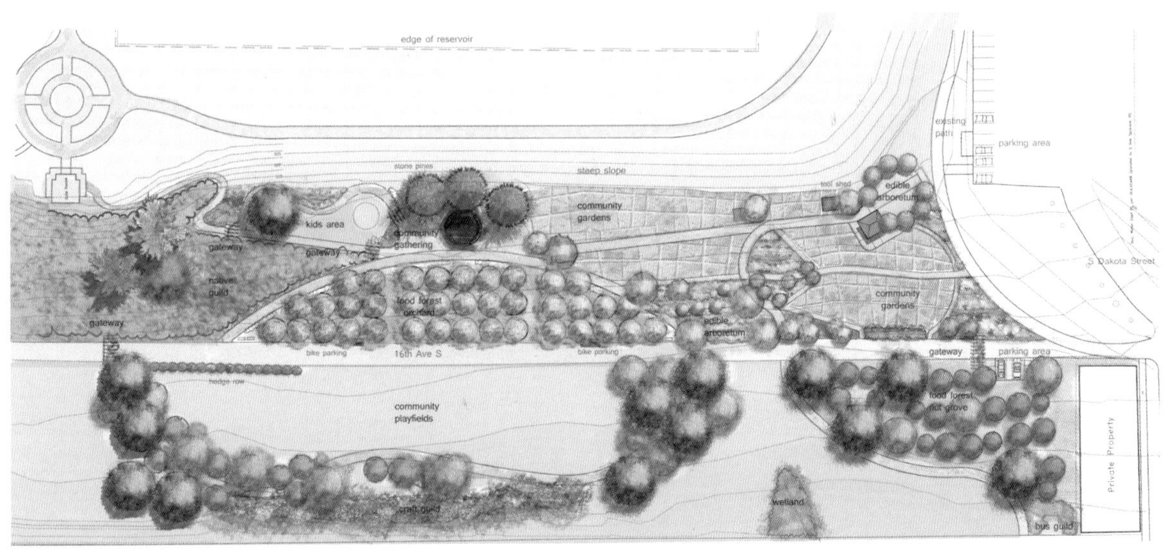

贝肯食物森林坐落在陡峭的斜坡上，台地和植物组团将场地分为不同的区域

木结果实。同时，像洋蓟这样的植物能够护根，防止杂草生长并向土壤中添加养分。显然，在最初对植物的选择和种植位置的安排上都需要具备植物、土壤和昆虫的相关知识，同时在后续的时期，特别是在头几年中，需要不断的观察和调整，以建造一个健康的食物森林。

在贝肯食物森林，食物被聚集在若干区域。核桃林会为人类与动物提供杏仁、榛子、山毛榉坚果，核桃，以及林下灌木。一个果园可以提供水果：苹果，梨，李子，蓝莓和种在下方的覆盆子。有一片区域种植了西雅图本地植物以供教育、消费和种植。还有一个来自全世界的可食用植物展示园，反映了贝肯山区域多民族聚居的特征。也会有补丁，即西雅图称作的社区花园地和树木补丁：即包含一个水果树或坚果树的花园地块。这些更加传统的社区花园地块将会提供给个人租用并进行园艺活动，其中生长出来的食物也将属于园地的承租人。这些地块将为食物森林项目提供连续性与稳定性。围合在这些可食用景观之中的是娱乐和聚会的开放空间，以及一个儿童游戏区。

贝肯食物森林最与众不同的想法是所有在其中生长的食物都将公开提供给任何想收获它的人。这只是基于社区深层进程而表

现出的一个表象。在其他的方面,可持续性需要植物能够自我帮助:选择并安置那些具有互利关系的植物。贝肯食物森林将这个理念扩展至了人类社区。城市农业和社区花园展示出了其对自给自足行为产生的戏剧性影响。它们提供食物,同时它们也提供社区活动,提升了园丁的情绪;它们通过提供园艺活动增强了市民体质;它们提供了工作的机会,从团队合作和社交网络这类“软技能”到技术性的、可传递的技能。在贝肯山,食物森林促进了邻里之间的文化认同与权利意识,帮助他们建立了反映自身的生活环境。

社区在一系列的工作聚会中建造了花园。最初的愿景吸引了周边居民,建立了他们对该项目的热情,在社区中培养了园丁,并通过旗帜来划分布局以及通过表格来调查大家对公园的希望。组织者举办了一个土地劳作日而不是一个土地破坏日,在这天志愿者们进行除草、土壤施肥及用稻草和纸板来覆盖护根等活动。该项目涉及来自社区以外的群体。倾斜的土地被设计为台阶状,其上建造了“都市人”挡土墙——西雅图交通运输部从城市周边的拆迁项目中收集的再生混凝土制成的墙体。一个华盛顿大学建筑班设计并建造了一套相连的展馆以作社区的客厅,其中有着长凳和一个工具室构成的聚会空间。

贝肯食物森林的第一阶段建于 2013 年,该项目获得了社区的巨大支持,完成了社区许可和参与的诸多目标。剩下令人期待的即是森林本身的成功。系统是否会如愿运行?在较少的维护情况下植物是否还能保持一定水平的健康?食物对外开放的策略是否会导致供不应求的情况?花园需要园丁的努力才能成功。考虑到西雅图 P 补丁项目成功的历史,社区花园很可能将茁壮成长,同时在项目吸收的社区支持下,贝肯食物森林很可能将会出现一个坚定的园艺人组织来维护这片森林,确保它的生产率。

华盛顿大学的建筑学学生设计并建造了公园内的亭子,提供了储藏间、座椅和社区聚会的场地

一个社区工作小组种植了蓝莓,鼠尾草和向日葵的植物组团

GETRÄNKE
KALT:
Kuchen
Honig
aus
LEMONAID+
LEMONAID+
LEMONAID+
LEMONAID+
ChariTea

移动社区花园，强化了社区间的联系，增进了互动

德国，柏林

马可·克劳森和罗伯特·肖赞助

建成于 2009 年

21,500 平方英尺 /2000m²

5.3 富林斯恩花园

咖啡厅，供应花园里的农产品，成为受欢迎的社区中心，每晚可以卖出两百份食物

在柏林的莫茨广场（Moritzplatz）东南端，有一片土地自第二次世界大战以来一直未被开发，志愿者们在这片半英亩的土地上建造了一个引人注目的移动花园。种植床与结构都是可拆卸或可移动的，以应对都市农业最受人关注的问题：土地租赁的不确定性。针对这种不确定性，创始人马可·克劳森和罗伯特·肖与超过 1500 名的志愿者们一起利用发现、回收和再利用的材料创造了一个充满活力的社区中心。

在这个移动式的花园里，西红柿生长在牛奶盒中，洋葱种植在亮红色塑料面包箱里。它们在这片长期被忽视的区域内暂时扎

下了根。花园基址曾是韦尔特海姆百货商店所在地，在第二次世界大战中遭受轰炸造成了严重的破坏，随后建筑即被拆除了（1953年的航拍照片显示该建筑仍然存在，处于一片城市废墟之中）。这片区域闲置了六十多年。它位于西柏林，距离柏林墙南部两个街区；富林斯恩街道构成了花园的西部边界，它曾是美界与俄界之间的几个人行横道之一。在地下，是彼得·贝伦斯设计的西柏林地铁终点站，在到达这里之前，地铁将会不停站地通过六个东柏林的“幽灵站台”。多年来，这片区域只有一个停车场，一些临时商店和市场以及废墟。

多年以来，这片区域一直被废弃着，仅断断续续地用作停车场、市场或在短暂的节日中使用

如今，出现了具有生产性的花园，该区还包括了一个咖啡厅和带有座位的树林，一个表演场和一个图书馆，成为邻里间的社交中心

花园提供了一系列的社会空间，以供教育、休闲和娱乐

富林斯恩花园（公主花园，取自相邻的富林斯恩街道）由两个关键策略组成：创建社区和移动花园。2009 年，富林斯恩花园的创始人马可·克劳森和罗伯特·肖计划建造一个城市农场，它是一个具有可移动性，能利用废弃空间，并能提升社区能量的花园。他们想将这片废弃的土地改造成为一个社区花园，为社区提供有机农产品，同时也成为一个社区中心，邻里在这里能够工作，了解生态农业和食品保鲜，并在这一过程中强化社区联系。克劳森和肖成立了一个非营利组织，流浪的植物（Nomadisch Grün），并从政府那里短期租借了这片土地。

自第一阶段起，志愿者和社区就共同为建造这片花园付出努力。肖和克劳森在一家报纸刊登广告，征请 12 名左右的志愿者来帮助清理现场。出人意料的是，有超过 150 名志愿者报名并迅速清理了现场超过 2 吨的垃圾。虽然有约 20 名志愿者作为核心骨干，

仍然有数以百计的志愿者会在每周的花园开放日前来帮忙，到了2013年初，已经有超过一千名志愿者在花园里工作过。肖和克劳森将花园看作一种社会空间，在这里“每个人都可以做自己的事；没有人必须做任何事。”工作在花园里的社区成员购买生产的产品、植物和花园里咖啡店的食物时可享受5折优惠。由于没有最低要求的限制，人们可以在这片花园参观、学习种植、除草或收获，并逐渐地参与到花园的工作之中。

经过四多年的扩展，花园已不仅是蔬菜地，还包括了受欢迎的咖啡馆（晚上销售高达二百份的晚餐）、园艺参考图书馆、一家出售植物和草药的商店、会议空间、一个儿童游戏馆和蜂房。这是一个以社区为基础的发展过程；志愿者提出并完成了空间的增加与改造。花园位于克罗伊茨贝格的柏林中部地区，这里有数量庞大的移民人口；许多居民都来自于农村，能够提供园艺的专业知识，同时也带来了他们遍布欧洲各地的家乡的种子。社区花园目前生长着超过五百种植物，包括超过十五种的番茄，二十个品种的土豆和七种类型的胡萝卜。

富林斯恩花园的收入来自于农产品、给咖啡店提供的食物与饮料以及植物与草药的销售。同时也通过捐款与众筹来获得收入。这些收入用来支付场地的租赁费；当“流浪的植物”组织开始这个项目的时候，政府提供了该片土地一年的租期，并拥有每年更新租赁合同的选项。

志愿者在花园里工作。没有最低工作要求的限制，花园允许志愿者尝试不同的任务、找到他们喜欢的工作，并成为一名园艺者

图书馆收藏了与园艺、堆肥、养蜂及其他志愿者和游客感兴趣的参考书籍，为像写作研讨会这类活动提供了空间

土地使用权通常会成为城市农业的一个问题。花园是土地储备的一个有吸引力的形式；在这片土地拥有足够的价值并可收获利润之前，政府始终对其持有所有权，同时花园将会有助于在这片地区创建一个社区并建立投资者的信心。而一旦花园使得这片土地达到这样的效果，土地将被开发，而花园便会失去这片土地的租赁合同。意识到这种风险，肖和克劳森围绕着三个理念开发了一个模块式花园：保持花园可移动性、寻找受污染的土地以及创建一个临时利用未开发土地的模板。克劳森说，“这是一个同时进行的项目。就像一个移动的马戏团，我们是建造临时花园的专家。如果该土地要出售，我们将继续前往另一个地方。虽然我们愿意去迁移，但在赋予权利这一意义上，我们仍然希望将某些东西留给这片土地。”

为了解决这种不确定性，整个花园是移动的，由工业包装箱、

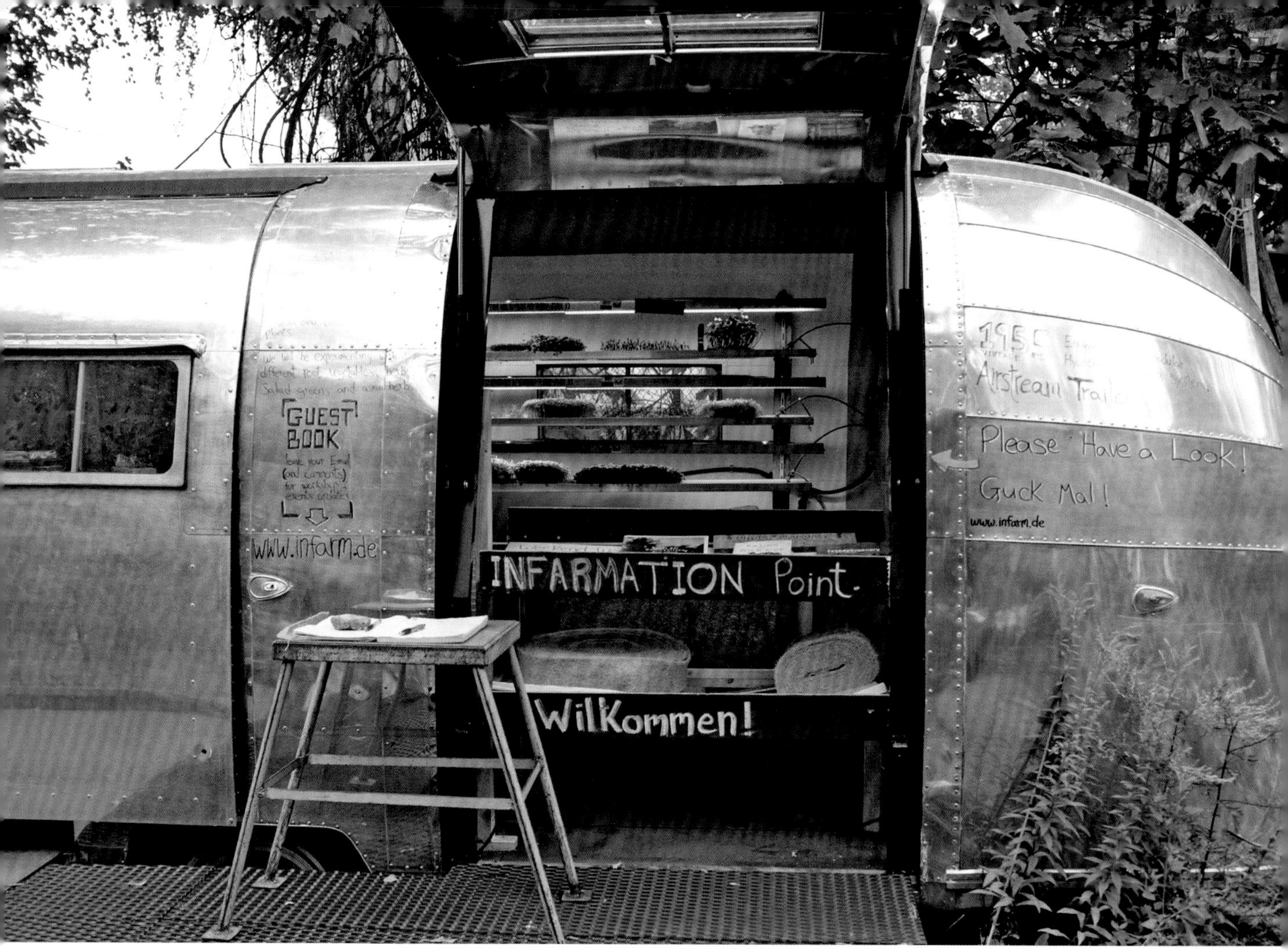

牛奶盒、饭袋、空心砌体——任何可以移动并承载土壤的容器建造而成。该区域结构松散；树皮和砾石小路划分出了风化木箱种植床、色彩鲜艳的塑料包装箱、白色大麻袋和蓝色小纸盒。在过去的几年里，志愿者们将整个花园用独轮车运送到它位于附近覆盖市场的冬天的家（为每周的农贸市场而建的大厅）。然而，虽然花园是可以被移动的，但它最大的价值在于它所产生的社会效益，而频繁的迁移则会破坏这一价值。工作坊、膳食和日常工作将花园变为了一个人们愿意去花时间进行社交、工作与交流的地方。颇具讽刺意味的是，也许是因为它新颖的移动式设计，花园变得如此受欢迎以至于许多居民都希望它成为一个受保护的常设机构。

2012 的秋天，花园的组织者了解到，市政府正在与开发商交涉出售土地的相关事宜。尽管花园是可以被移动的，但志愿者和游客们依然感到沮丧并开始了请愿活动，并最终获得了超过三万个签名。请愿书请求政府提供该场地最低五年的租赁权、公民可参与规划过程，以及将社区花园与类似的以社区为基础的项目融入至城市规划之中。2012 年 12 月，市政府同意将该片土地所有权从柏林房地产基金（该市）转移至弗里德里希斯海因镇。该镇的镇长也公开表示了他对富林斯恩花园的支持，将其与其他类似的项目看作是区域成功至关重要的因素。如此看来，这个移动花园可能会继续待在这片土地上了。

养蜂作坊很受欢迎。蜜蜂帮助作物传粉，同时也能够生产蜂蜜以供使用和售卖

全园的结构都是由再生和重复利用的材料组成。一个野营拖车被作为信息中心，为游客与志愿者指引方向

在土地被卖给开发商的时候，整个花园是可以被移走的

园丁们种植了大片的作物。许多种类是不常见的，这些种子都是从志愿者们不同的家乡带来的

模块式的、抬高的装置使都市

农业具有雕塑性

纽约市皇后区

设计：阿迈勒·安德拉奥斯和丹·伍德，WORK 建筑公司（纽约市）

建成于 2008 年

11,000 平方英尺 /1,000m²

5.4 1号公共农场

农场超出院墙，连接两个区域

在现代艺术博物馆 P.S.1 当代艺术中心的庭院中，由若干个纸板圆筒组成的一个折叠飞机与一些植物似乎像是盘旋在空中，在中间段下沉，接着又抬高越过了一堵墙面，进入到了另一个庭院。植被自飞机上生长起来，并向边缘溢出，在结构下沉的地方，它展开并容纳了一个池塘与喷泉。丹·伍德（Dan Wood），该项目的一个设计师，挖苦道“这可能是纽约最好的折叠纸板农场之一。至少是在皇后区。”

1 号公共农场没有看上去那样的轻便简单。整个飞机表面模块，有将近 100 英尺 ×20 英尺大小（30m × 6m），在一端向空中抬高了30英尺（9m），在另一端抬高了15英尺（4.5英尺），整体由一大片色彩鲜艳的纸板圆筒组成。以上是一个1/4英亩（0.1hm^2）的城市农场：每一个纸板圆筒部分都种植了不同的农产品，从甜菜和番茄到旱金莲花和药草。而创造出的下方空间，则由一个亭子、一个洞室和一个运动场交替组成。通过抬高植物园，设计师们赋予了它更多的意义。

每年夏天，P.S.1都会举办活动。博物馆庭院在这些夜晚变得生机勃勃。每年，MOMA/P.S.1都会举办一个年轻建筑师项目的竞赛，要求设计一个临时装置来为夏季音乐节提供场地与构架。要求很简单：将这两个庭院分成若干大小的户外区域以供表演与聚会，并提供遮荫、座位与水体景观。Amale Andraos和丹·伍德是Work建筑公司的负责人，他们将“城市海滩”的概念作为项目的切入点，将种植食物这一平凡的行为表达为一个社会和城市的革命。他们将1968年法国学生抗议活动的口号，“在鹅卵石之下，海滩”（Sous les pavés la plage）变为一个新的城市宣言“在街道之上，农村”（Sur les pavés la ferme）。将对个体生命逃离规范束缚的召唤重新组织为对灵活化的模块，探索生产力的其他形式的召唤。

该项目采用模块化结构与简单的材料来创建一个农场，并可以很容易地重新改造和配置成任何大小或形状的空间。通过抬高农场，设计师有效地将农场规模增加了一倍，并为农场表面下面

通过抬升农场平面，设计师在农场下面创造了私密性强、遮荫的区域。该区域被称作“Funderneath”，展示了一系列实用的、引人回忆的空间

装置将庭院划分成两个大型的景观空间，支柱形成的多孔边界在农场下面创造了小空间

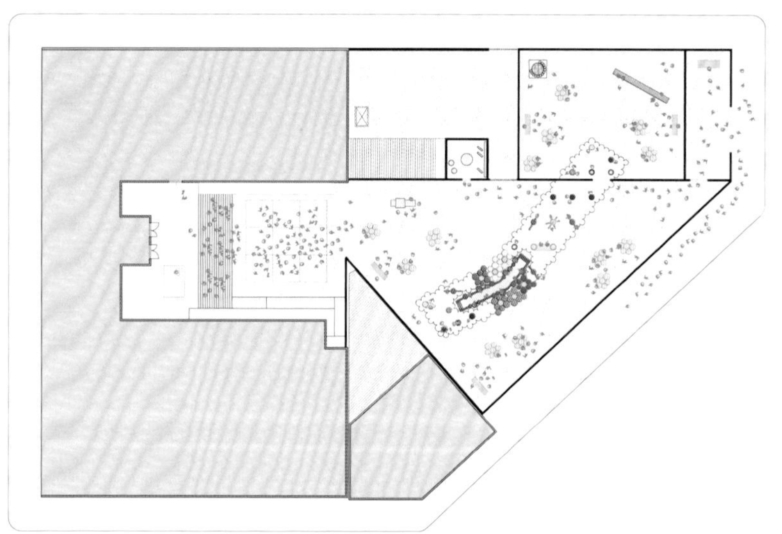

的城市活动创造了机会。农场的种植面积遮挡了阳光和雨水，同时柱子提供了各项活动，从座位到一个手机充电站再到一个果汁吧台。动态设计不仅展示了城市农业的潜力，也创造了一个社会空间，人们可以在这里学习农业知识、玩耍与社区集会。

该农场由 42 个“菊花”模块组成：六个由三种不同的尺寸 [36 英寸，30 英寸，28 英寸（90，76，和 71cm）的直径] 构成的纸板圆筒聚集在一个圆筒周围，这样的形式还有另外六个。圆筒外环——花瓣——承载着土壤的小单元种植着草药、蔬菜和食用花卉，而最深处的圆筒要么停留在一个纸板柱上，要么成为从下方进入农场的通道口。每个柱子，除了有支撑农场的作用外，还有组织农场下方活动的功能。二十个柱子包含了座位；生产、饮料、电力分布点；观看上方农场的潜望镜；农场动物声音与视频记录；以及若干风扇。

每一个菊花单元都种植单一作物，这些作物经过挑选以确保颜色、香味和产量能持续整个夏季。要收获这些农产品，志愿者们穿上“采摘裙”——一种包裹在志愿者腰间的织物，与菊花单元中心连接了起来，形成了装载农产品的容器。裙子解放了志愿者们的双手，让他们能够从中央圆筒中爬上去，把采摘的作物放进袋状的裙子里并爬下来。生产的食物供应于博物馆的咖啡厅、提供给前来采摘的游客、分发给志愿者以及在一些特殊的节日里使用。

城市农场意在打造一个封闭的系统。雨水收集系统收集并分发超过 6000 加仑的水量进入滴灌系统。全部所需的动力——灌溉系统、水池的泵和过滤系统、榨汁机和手机充电站、照明灯和扬声器——都由太阳能电池板供应；多余的能量将会充给蓄电池板以备阴天使用。由于装置是临时的，设计师确保了所有材料都是可生物降解的、可循环的且易拆卸的。

至少从理论上来说，这种高适应性的模块化系统允许一个城

农场抬升的平面在其底下创造了遮荫的空间。这是有效利用城市空间的典范

管状种植钵围绕在大的中央管道周围，志愿者可在其中维护管理植物生长

农场中种有粮食、药草和花卉，在进行农业生产的同时，保证整个夏天都色彩丰富、充满生机

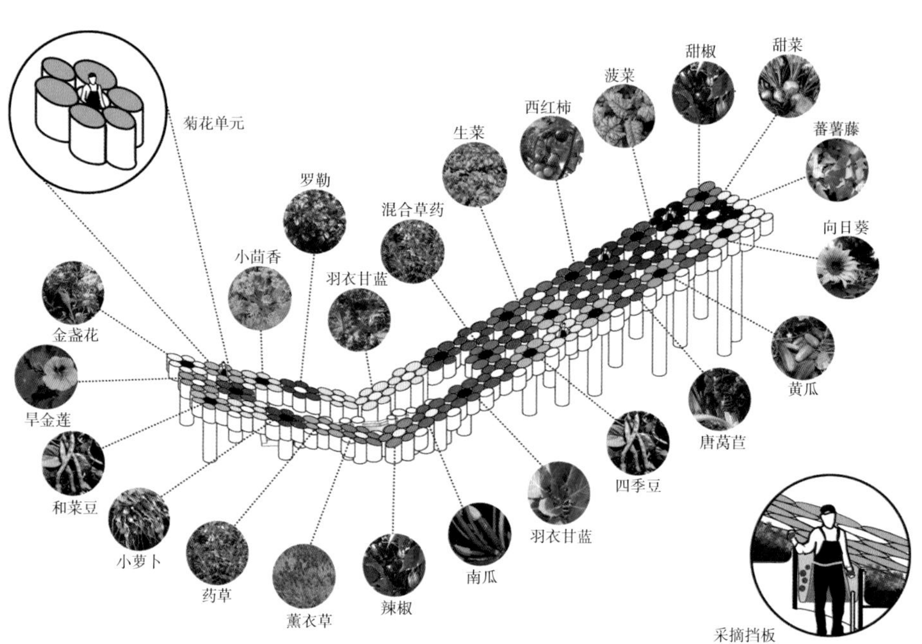

手机充电
农场声音
夜间声音
农场录像
风扇
草本植物树
榨汁机
潜望镜
喷泉
镜子
FUNDERNEATH
果园
农场主市场
儿童岩洞
镜子柱
座
图表圆柱
农家摊
长登 + 帘幕
草药袋
池座位
毛中柱

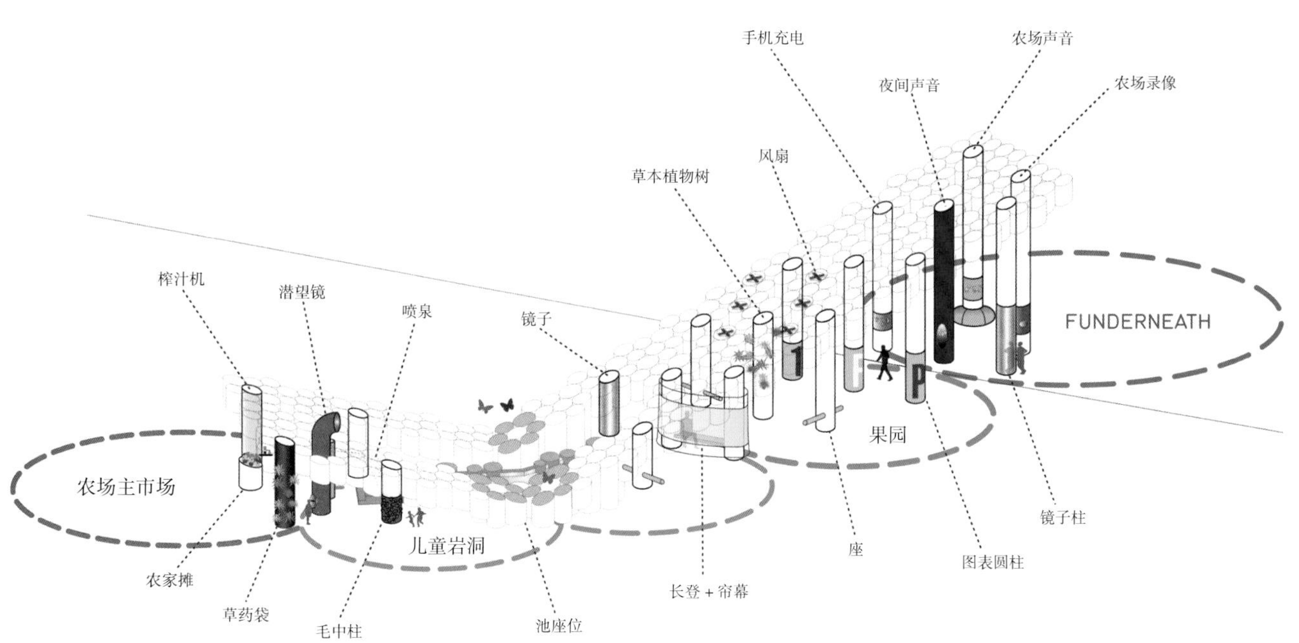

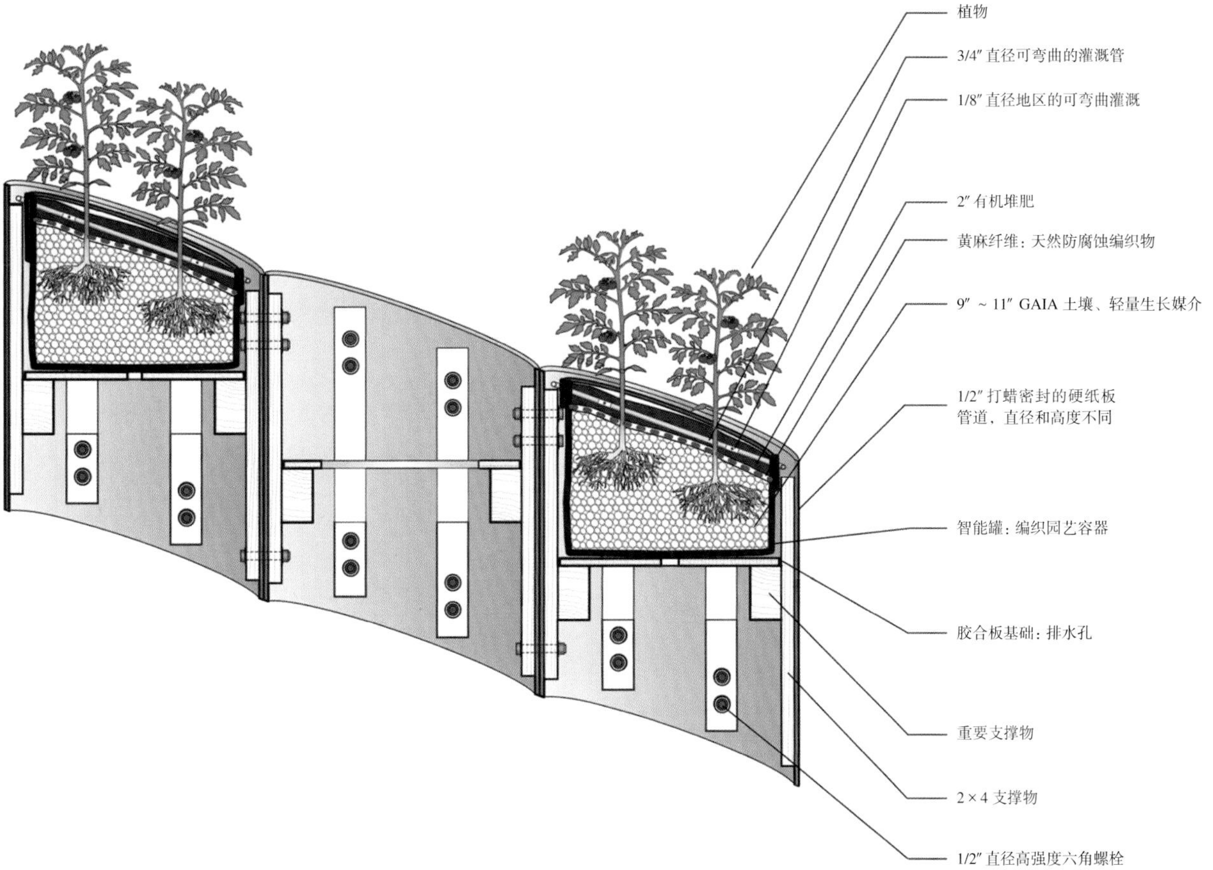

植物
3/4″ 直径可弯曲的灌溉管
1/8″ 直径地区的可弯曲灌溉
2″ 有机堆肥
黄麻纤维：天然防腐蚀编织物
9″ ~ 11″ GAIA 土壤、轻量生长媒介
1/2″ 打蜡密封的硬纸板
管道，直径和高度不同
智能罐：编织园艺容器
胶合板基础：排水孔
重要支撑物
2 × 4 支撑物
1/2″ 直径高强度六角螺栓

市农场得以快速建造，并适应任何一个场地，因为它能够在任何其他场地中使用、移动并重新配置。这种抬升式的农场构思允许城市中的农民得以利用闲置的临时空地、短期租赁的土地以及现有的建筑屋顶。

模块化系统通过单元的利用，也促进了城市农业的第二次重大创新。通过柱子提升农场，1 号公共农场创造了一片农场下的环境。在这个项目中，农场结构下方包括了一个农贸市场、一个儿童洞室、一个水池、Grove（停留与社交区）以及 Funderneath（将农村农场的声音与图像带入城市的一片区域）。这些不同的区域包含一个榨汁机、一个喷泉、水池边的座椅、一个潜望镜、镜面柱、秋千、幕帘、一棵草药树、若干风扇、一个电话充电站以及播放夜间与农场声音的圆管。这些为个人和团体提供的丰富多样的活动使 1 号公共农场变为了一个充满活力的、有趣的社区聚集地。

1 号公共农场通过有趣的设计解决了棘手的困难。异想天开的活动、节日的色彩与表演艺术将这个项目变成了一个非常成功的夏日节日狂欢区。可接触的材料、模块化的设计以及低技术的建设，让这个项目成为可供几乎任何城市的农民采用的切实可行的模式。然而，最引人注目的是 1 号公共农场提出的前卫理念，即食品生产是可以都市化的，同时在城市中心也是能够生产食物的。

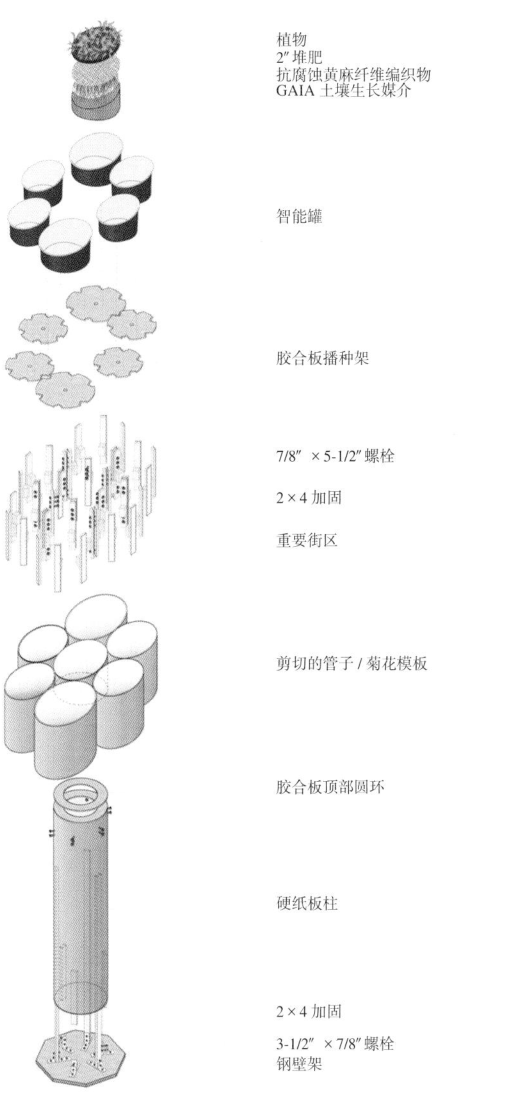

1号公共农场在城市农业中探索了模块化建设，正如双曲抛物面亭一样，将城市景观抬升，在下部创造出适宜的生活空间

管状的硬纸板塑造了模块化的菊花系统；六个小型管状纸板围绕着中心圆柱体。菊花系统形成了具有生产功能的漂浮植物毯

商业区 / 居住区中的公共开放空间，有许多食物生产广场，由自行车道和人行道连接

卢森堡，卢森堡市

设计：OKRA 风景园林事务所（荷兰，乌得勒支）

建成于 2010 年

7 英亩 /2.8hm^2

5.5 古纳瓦尔德公共果园

成熟的梨在城市小果园中很受欢迎。水果、坚果和浆果为城市居住区提供了指引

在迅速发展的卢森堡市基希贝格区，OKRA 风景园林事务所在各种风格的建筑之中设计了一片都市果园，以培养这片新开发区中的邻里认同感。这片果园创建了一个连续的景观语汇，穿过一片居住区将一片办公区与一个南端的大型公园联系了起来。一个坡度变化的树木与地被覆盖层在三个区域内逐块地提供了方向与场所。不仅是通过种植指引方向，该项目还提出了激进的观念，即走过一片果园，摘一个苹果，应是一种寻常的城市体验。

基希贝格高地位于卢森堡东北部，是多个欧盟机构的所在地——跨国组织的建筑，例如建于 1966 的欧洲议会秘书处。自

20 世纪 60 年代以来，这片 900 英亩（$365hm^2$）的区域围绕着这些机构扩展迅速。高地分为五个部分；古纳瓦尔德区，取名来自附近的古纳瓦尔德森林，位于高地的东南部。2007 年，这里举行了设计竞赛，旨在通过征集风景园林策略来组织新建的五个商业建筑与二十一个居住建筑。这个区域的规划是，在北面设计一批商业楼，在中部为中密度的居住区，南部为一个公园。利用食物生产来连接街区，OKRA 的风景园林师们设计了十三个由南北向的人行和自行车道连接的广场网络。

设计者称该项目为一个片段式的果园：由网格状大地连接的口袋式产品。果园提供了统一的审美和理念，同时也作为一个定向装置；它的特征取决于其内容，并为居民对位置感提供了多种感官线索。这片区域包括了三个果园区：在北部办公空间，重新解读的果园有开花植物；在住宅小区的中心位置，生产性的果园有果树；在南部，毗邻一处公园，野生果园充满了自然美感。食品生产集中在树冠层；地面主要通过颜色和纹理以及花草混合区来提供方向性。植物色彩从北面的紫色转变为中部的红色与粉色，再往南变为橙色与黄色。十三个公共庭院中的每一个，在成为统一系统中的一个可识别的成员的同时，也提供了各自不同的体验。

果树的品种包含了苹果、梨、榛子、核桃和樱桃，可在不同季节供应水果与坚果。这些树与更多的观赏性树木混种，包括刺

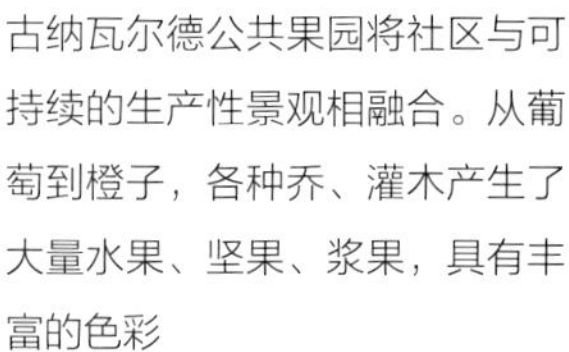

古纳瓦尔德公共果园将社区与可持续的生产性景观相融合。从葡萄到橙子，各种乔、灌木产生了大量水果、坚果、浆果，具有丰富的色彩

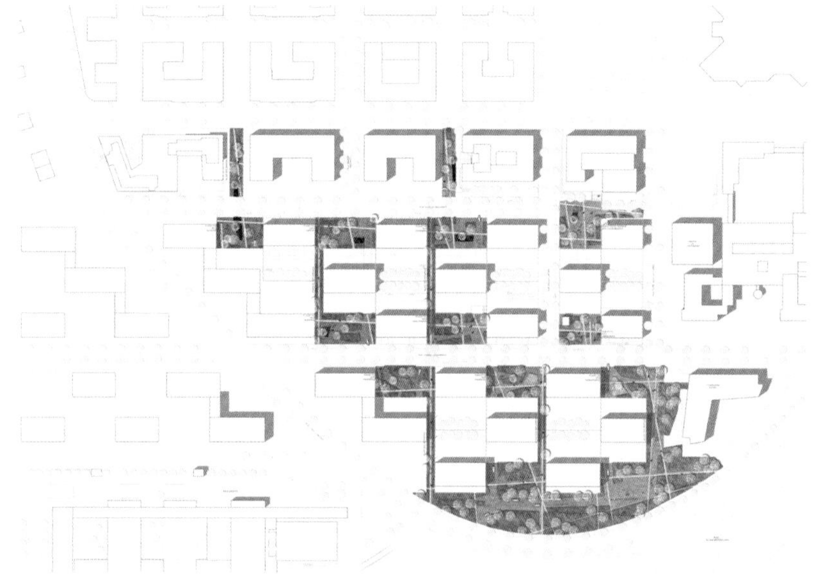

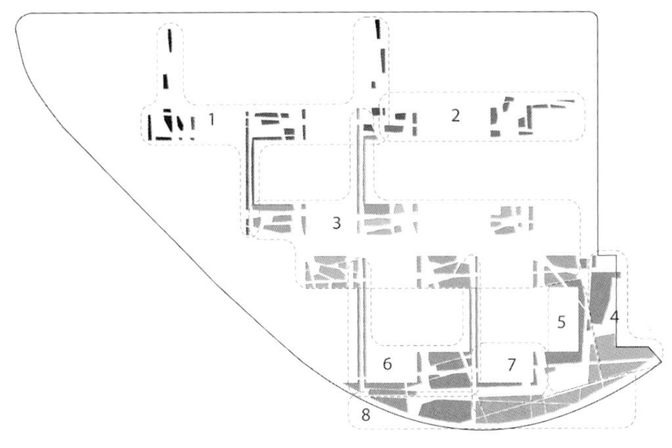

乔、灌木依照生产能力和色彩进行配植，形成阶梯分布的花、果空间序列

槐和枫树，提供了色彩与芬芳，丰富了游客在这座可食用城市中的感官体验。在庭院中，树被修剪成圆形，同时沿着连接路径，树木被做成了树墙；他们不同的结构为寻路提供了另一种形式。墙树通过其间狭窄的通道指引了方向，沿着主要的南北向道路引导了自行车与行人交通。

在古纳瓦尔德公共果园，食品生产充分与城市融合。与许多城市农业项目不同，这片生产性景观并没有被分隔在不同区域，而是一个连续的肌理，与装饰性和娱乐性的景观肌理横向地联系了起来。如同公共农场 1 号项目，食品生产被设想为具有潜力的都市化模式；碎玄武岩铺装、混凝土条带铺地以及混凝土道牙和坐凳为该区域提供了一种非常优雅的感觉。坐凳下方设计了灯光，当大部分的城市农业区都在夜间关闭大门的时候，这些灯光创造出了一种欢迎的氛围。水果树和坚果树——分散的果园——与这个系统融为一体，多年生植物和草坪也如此。设计师们将食物生产作为日常都市体验的一部分，而不是将它与城市分离成为一个受人议论的禁宫。

片段式果园协调了隐含在城市农业中的问题。这表明，城市

代表性果园中种植了充满生机、色彩丰富的观花乔、灌木

生产性果园中种植着观果乔、灌木

野生果园中运用了邻近公园中的元素，种植有果树，如花楸树，为生物提供了栖息地

可以是农业的，反之亦然。虽然食物生产是有限的，但完全是城市化的。可食用性景观有一些先例，比如加利福尼亚戴维斯的村庄房屋住宅开发（始建于 1975 年）。在该项目中，道路、公园和人行道等绿色基础设施与木瓜篱笆、果树、葡萄园结合；景观完全成为生产性的与可食用的。该村庄有一个连续的生产性景观，从地表覆盖物至树篱至道路，然而古纳瓦尔德公共果园的产品生产区域限制为了广场和道路。同时，和许多社区花园不同，果园与城市充分地结合，并作为广场的一部分，而不是一个被闲置的区域。不同于农村是一个关注农业的城郊社区，古纳瓦尔德完全是一个提供食物的城市。该项目强力地坐落在城市之中，为在城市中向需要的居民提供食物提供了一个先例。

果园同样带来了一些问题。生产的品质的什么；会被城市因素所影响吗？树木如何进行维护以确保生产力？并且在缺少专业农民的情况下，这些作物会丰收吗，或是它们会像许多城市的梨树与李树一样荒废为行道树吗？随着进一步的建设和果园的成熟，后期评估将会回答这些问题。

主路旁是果树形成的树墙，为自行车和行人提供了指引

树木、灌木和多年生植物具有丰富的色彩，在新区引导居民

地被层中有观花的多年生植物、观果灌木、一年生作物，以及罂粟花和矢车菊

城市广场中种植有红醋栗、桃、苹果等可持续性生产的植物

参考文献

INTRODUCTION: INDELIBLE SOCIAL MARKS

Freire, Paulo. 2000. *Pedagogy of the Oppressed*, 30th anniversary edition, trans. Myra Bergman Ramos. New York: Continuum.

Kwon, Miwon. 1997. One place after another: Notes on site specificity. *October* 80: 85–110.

Meyer, Elizabeth. 2006. From style to substance: Replacing the sight of architecture with the sites of architecture. UVa Architecture Forum, May 13.

INFRASTRUCTURE: RETHINKING PUBLIC WORKS

Discussions of infrastructure design have included the 2008 University of Toronto symposium "Landscape infrastructures—Emerging practices, paradigms and technologies reshaping the contemporary urban landscape," the 2012 Harvard GSD symposium "Events: Landscape infrastructure," *Landscape Infrastructure: Case Studies by SWA* (2010), and the themed journals *Lotus 139: Landscape Infrastructures* (2009) and *Scenario 04: Rethinking Infrastructure* (2013).

Olmsted, Frederick Law. 1886. Paper on the Back Bay problem and its solution. In *The Papers of Frederick Law Olmsted: Supplementary Series Vol. 1, Writings on Public Parks, Parkways, and Park Systems*, ed. Charles E. Beveridge and Carolyn R. Hoffman, pp. 437–60. Baltimore: Johns Hopkins University Press, 1997.

Shannon, Kelly. 2010. *The Landscape of Contemporary Infrastructure*. Rotterdam: NAi Publishers.

Strang, Gary L. 1996. Infrastructure as landscape. *Places* 10 (3): 8–15.

Moses Bridge at Fort de Roovere

Benezra, Neal, I. Michael Danoff, M. Jessica Rowe, et al. 1998. *An Uncommon Vision: The Des Moines Art Center*. New York: Hudson Hills Press.

Miss, Mary, Daniel M. Abramson, et al. 2004. *Mary Miss*. New York: Princeton Architectural Press.

West Brabantse Waterlinie. http://www.westbrabantsewaterlinie.nl/

Queens Plaza

Gardner, Ralph, Jr. 2012. In Queens, an artistic alteration. Urban Gardener, *Wall Street Journal*, July 23.

New York City Department of Design and Construction and the Design Trust for Public Space. 2005. *High Performance Infrastructure Guidelines*. http://www.nyc.gov/html/ddc/downloads/pdf/hpig.pdf

Ruddick, Margie. 2013. Queens Plaza: A new core for Long Island City. *Scenario 03: Rethinking Infrastructure* (Spring).

Yoneda, Yuka. 2011. Queens Plaza to be transformed into a vibrant green oasis in Long Island City. Inhabitat, March 10. http://inhabitat.com/nyc/queens-plaza-to-be-transformed-into-a-vibrant-green-oasis-in-long-island-city/

Solar Strand

Brake, Alan G. 2010. Electric landscape: Water Hood fuses solar array into new U. Buffalo open space. The Architect's Newspaper, April 22. http://archpaper.com/news/articles.asp?id=4449

Fischer, Anne. 2013. University's Solar Strand. Solar Novus Today, June 22. http://www.solarnovus.com/universitys-solar-strand_N6680.html

Scognamiglio, Alessandra. 2012. Solar Strand. *Domus*: 75–78.

———. 2013. The Solar Strand: Interview with Robert G. Shibley. Domus online. http://www.domusweb.it/en/interviews/2013/09/02/forms_of_energy_.html

Shibley, Robert, Dennis Black, Ryan McPherson, and James R Simon. 2012. Culture clash: Art, electrons, teaching, research, and engagement meet at the Solar Strand. AASHE Case Study, June 29. http://www.aashe.org/resources/case-studies/culture-clash-art-electrons-teaching-researchand-engagement-meet-solar-strand

Slessor, Catherine. 2010. Energy in the landscape: Turning a solar array on a US college campus into land art. *Architectural Review* 228: 38.

UB Now. 2010. International Competition for Solar Project. http://www.youtube.com/watch?v=9sCJ9RNvtBg

Coastal Levees and Lone Star Coastal National Recreation Area

Archie, Michelle L., and Howard D. Terry. 2011. *Opportunity Knocks: How the Proposed Lone Star Coastal National Recreation Area Could Attract Visitors, Boost Business, and Create Jobs*. Washington, DC: National Parks Conservation Association.

Bedient, Dr. Philip B., Jim Blackburn, and Antonia Sebastian. 2011. *SSPEED Center Phase 1 Report: Learning the Lessons of Hurricane Ike: Preparing for the Next Big One*. Houston, TX: SSPEED Center.

Errick, Jennifer. 2012. A new model for parks could help revitalize Texas' Gulf Coast. *NPCA's Park Advocate*, May 11. http://www.parkadvocate.org/?p=130

National Parks Conservation Association. 2012. Lone Star Coastal National Recreation Area. http://www.npca.org/exploring-our-parks/slideshows/lone-star-coastal.html/ http://www.npca.org/about-us/regional-offices/texas/lone-star/

Sass, Ron. 2012. An ecological perspective on the proposed Lone Star Coastal National Recreation Area. SSPEED Conference, Gulf Coast Hurricanes: Mitigation and Response, April 10.

Yoskowitz, David W., James Gibeaut, and Ali McKenzie. 2009. *The Socio-Economic Impact of Sea Level Rise in the Galveston Bay Region*. A report for Environmental Defense Fund. Harte Research Institute for Gulf of Mexico Studies, Texas A&M University, June.

POSTINDUSTRIAL LANDSCAPES: RECLAIMING SITES OF INDUSTRY

Eisenman, Peter. 1987. Architecture and the problem of the rhetorical figure. *Architecture and Urbanism* 7 (202): 15–80.

Latz, Peter. 1993. "Design" by handling the existing. In *Modern Park Design: Recent Trends*. Amsterdam: Thoth.

Meyer, Elizabeth K. 1997. The expanded field of landscape architecture. In *Ecological Design and Planning*, ed. George F. Thompson and Frederick R. Steiner, p. 52. New York: Wiley, 1997.

Smithson, Robert. 1971. The Earth, subject to cataclysms, is a cruel master. Interview with Gregoire Müller, in *Robert Smithson, The Collected Writings*, ed. Jack Flam, p. 256. Berkeley: University of California Press, 1996.

Paddington Reservoir Gardens

Hawken, Scott. 2011. Paddington Reservoir—a new public space for Sydney: A focus on design and reuse turned the former Paddington Reservoir into an outstanding park—an urban counterpoint to the city's range of harbourside landscapes. *Topos: The International Review of Landscape Architecture and Urban Design* 77: 78–83.

Leigh, Gweneth Newman. 2010. Chamber music: In Sydney, a 19th-century reservoir qualifies as ar antiquity—Now it's a fascinating city park. *Landscape Architecture* 100(12): 78–89.

Jaffa Landfill Park

Braudo, Alisa. 2010. Reconnecting the Tel-Aviv Jaffa shoreline between Reading Park and Jaffa Landfill Park, Israel. *Topos: The International Review of Landscape Architecture and Urban Design* 72: 74–79.

Goldhaber, Ravit. 2010. The Jaffa Slope project: An analysis of "Jaffaesque" narratives in the new millennium. *Makan: Adalah's Journal for Land, Planning and Justice* 2: 47–69.

Haute Deûle River Banks

Dickinson, Robert Eric. 1951. *The West European City: A Geographical Interpretation*, Lille, pp. 132–36. London: Routledge & Paul.

Ministère de l'Écologie, du Développement Durable, des Transports et du Logement. January 2011. Palmarès EcoQuartier 2009: Eau—EcoQuartier les rives de la Haute-Deûle, villes de Lille et Lomme.

Northala Fields

Coulthard, Tim. 2009. Northala Fields forever: Northala Fields, the largest park to be built in London for a century, is an exemplar of sustainable construction and design. *Landscape Architecture* 99 (5): 94–101.

Fink, Peter. 2007. Politics and the park. *Green Places* 32: 20–23.

VEGETATED ARCHITECTURE: LIVING ROOFS AND WALLS

European Environment Agency

Edwards, Brian. 2010. A blossoming installation contributes to a city's wider ecological diversity. A10.eu: New European Architecture, 4 August. http://www.a10.eu/news/meanwhile/living_facade_copenhagen.html

European Environment Agency. 2010. Europe in bloom: A living facade at the European Environment Agency. http://www.eea.europa.eu/events/

Lushe. 2010. Living map on Copenhagen wall. Lushe website, 25 May. http://www.lushe.com.au/living-map-on-copenhagen-wall/

Hypar Pavilion

Hypar Pavilion in New York. 2011. *Detail* 51(10): 1182–85.

Park TMB

Gali-Izard, Teresa. 2004. Park over the TMB bus depot in Horta. *Quarderns d-arquitectura I urbanisme* (October): 63.

Garden over the Horta Bus Depot, Barcelona. 2007. *Patent Constructions: New Architecture Made in Catalonia*, ed. Albert Ferre, pp. 224–27. Barcelona: Actar.

Hypostyle garden. 2007. *Patent Constructions: New Architecture Made in Catalonia*, ed. Albert Ferre, pp. 228–37. Barcelona: Actar.

Krauel, Jacobo. 2008. Park over the Horta Bus Depot. *Urban Spaces: New City Parks*, pp. 18–31. Barcelona: Carles Broto.

Parc TMB: Barcelona (Spain), 2006. 2012. Public Space. http://www.publicspace.org/en/print-works/e009-parc-tmb

Park on the roof of Horta Bus Depot. 2008. *El Croquis*: 178–87.

Parque TMB, Barcelona. 2006. *A + T*: 64–77.

Seymour-Capilano Filtration Plant

Takaoka, S., and F. J. Swanson. 2008. Change in extent of meadows and shrub fields in the central western Cascade Range, Oregon. *The Professional Geographer* 60(4): 1–14.

Teensma, P.D.A., J. T. Rienstra, and M. A. Yelter. 1991. Preliminary reconstruction and analysis of change in forest stand age classes of the Oregon Coast Range from 1850 to 1940. USDI Bureau of Land Management Technical Note T/N OR-9.

ECOLOGICAL URBANISM: DESIGN INFORMED BY NATURAL SYSTEMS

Amidon, Jane. 2010. Big Nature. In *Design Ecologies: Essays on the Nature of Design*, ed. Lisa Tilder and Beth Blostein, p. 180. New York: Princeton Architectural Press.

Chris Maser. 2009. Nature's inviolate principles. *Social-Environmental Planning: The Design Interface Between Everyforest and Everycity*. Boca Raton, FL: CRC Press.

Mohsen Mostafavi. 2011. Why ecological urbanism? Why now? In *Ecological Urbanism*, ed. Mohsen Mostafavi and Gareth Doherty. Baden: Lars Müller Publishers.

Olmsted, Frederick Law. 1886. Paper on the Back Bay problem and its solution. In *The Papers of Frederick Law Olmsted: Supplementary Series Vol. 1, Writings on Public Parks, Parkways, and Park Systems*, ed. Charles E. Beveridge and Carolyn R. Hoffman, pp. 437–60. Baltimore: Johns Hopkins University Press, 1997.

Terry Tempest Williams. 2001. *Red: Passion and Patience in the Desert*, p. 75. New York: Pantheon.

Teardrop Park

Beardsley, John, Janice Ross, and Randy Gragg. 2009. *Where the Revolution Began: Lawrence and Anna Halprin and the Reinvention of Public Space*, p. 16. Washington, DC: Spacemaker Press.

de Jong, Erik. 2009. Teardrop Park: Elective affinities. In *Michael Van Valkenburgh Associates: Reconstructing Urban Landscapes*, ed. Anita Berrizbeitia. New Haven: Yale University Press.

Gould, Stephen Jay. 1991. Unenchanted evening. *Natural History* 100(9): 6–7.

Heerwagen, Judith. 2009. Biophilia, health, and well-being. In *Restorative Commons: Creating Health and Well-being through Urban Landscapes*, ed. Lindsay Campbell and Anne Wiesen, pp. 39–57. US Forest Service, Northern Research Station, General Technical Report NRS-P-39.

Hines, Susan. 2007. Abstract realism. *Landscape Architecture Magazine* (February): 94–103.

Moore, Robin. 2007. Reasons to smile at Teardrop. *Landscape Architecture* 97(12): 134–36.

Stegner, Peter. 2009. Teardrop Park [Battery Park City, New York]. *Topos: The International Review of Landscape Architecture & Urban Design*, 67: 29–34.

Teardrop Park. 2010. Landscape Architecture Foundation Case Study Brief. http://www.lafoundation.org/research/landscape-performance-series/case-studies/case-study/391/

Péage Sauvage

Clément, Gilles. 2003. The Third Landscape. http://www.gillesclement.com/cat-tierspaysage-tit-le-Tiers-Paysage

Buffalo Bayou

American Planning Association. 2012. Great Places in American: Public Spaces. http://www.planning.org/greatplaces/spaces/characteristics.htm

Broto, Carles. 2013. *Urban Spaces: Design and Innovation*. Barcelona: Links Books.

Hung, Ying-Yu, Gerdo Aquino, Charles Waldheim, and Pierre Bélanger. 2013. *Landscape Infrastructure: Case Studies by SWA*, second and revised edition. Basel: Birkhäuser.

Jost, Daniel. 2009. Under the interstate. *Landscape Architecture* 99(10): 78–86.

Lockwood, Charles. 2006. Bagby-to-Sabine: A new beginning. UrbanLand (October): 110–13.

Ozil, Taner R., Sameepa Modi, and Dylan Stewart. 2013. Buffalo Bayou Promenade. Landscape Architecture Foundation Landscape Performance Series case study.

Shanley, Kevin. 2009. Houston's Buffalo Bayou Promenade. *Parks and Recreation* 44(5): 18–23.

——. 2009. Infrastructure as amenity: Houston's bayou becomes a floodway-turned-park. *Topos* 69: 32–37.

Shanley, Kevin, and James Vick. 2010. Spreading risk and reward. UrbanLand, September 28. http://urbanland.uli.org/economy-markets-trends/spreading-risk-and-reward/

Sieber, Ann Walton. 2006. A pleasant promenade: A new pathway along the banks of Buffalo Bayou hopes to remind the city of its liquid assets. *Cite* 66 (Spring): 9–10.

Sokol, David. 2007. Buffalo Bayou, Houston. *Architectural Record* 195(5): 285–86.

Urban Land Institute. 2008. Sabine-to-Bagby Promenade. ULI Development Case Studies.

EDIBLE LANDSCAPES: AGRICULTURE IN THE CITY

American Society for Horticultural Science. 2009. Conserving historic apple trees. ScienceDaily, November 10.

Campbell, Lindsay, and Anne Wiesen, eds. 2009. *Restorative Commons: Creating Health and Well-being through Urban Landscapes*. US Forest Service, Northern Research Station, General Technical Report NRS-P-39.

Canning, Patrick, Ainsley Charles, Sonya Huang, Karen R. Polenske, and Arnold Waters. 2010. *Energy Use in the U.S. Food System*. USDA Economic Research Report Number 94.

Cockrall-King, Jennifer. 2012. *Food and the City: Urban Agriculture and the New Food Revolution*. Amherst, NY: Prometheus Books.

de la Salle, Janine, Mark Holland, eds. 2010. Agricultural Urbanism: Handbook for Building Sustainable Food Systems in 21st Century Cities. Winnepeg, Manitoba: Green Frigate Books.

Gorgolewski, Mark, June Komisar, and Joe Nasr. 2011. *Carrot City: Creating Places for Urban Agriculture*. New York: Monacelli Press.

Hodgson, Kimberley, Marcia Caton Campbell, and Martin Bailkey. 2011. *Urban Agriculture: Growing Healthy, Sustainable Places*. American Planning Association, Planning Advisory Service, Report Number 563.

Hou, Jeffrey, Julie M. Johnson, and Laura J. Lawson. 2009. *Greening Cities, Growing Communities: Learning from Seattle's Urban Community Gardens*. Seattle: University of Washington Press.

Lawson, Laura J. 2005. *City Bountiful: A Century of Community Gardening in America*. Berkeley: University of California Press.

Lawson, Laura, and Luke Drake. 2012. *Community Gardening Organization Survey 2011–2012*. American Community Gardening Association, Rutgers School of Environmental and Biological Sciences.

Martinez, Steve, et al. 2010. *Local Food Systems: Concepts, Impacts, and Issues*. USDA Economic Research Report Number 97.

Monroe-Santos, Suzanne, et al. 2008. National Community Gardening Survey: 1996. American Community Gardening Association. http://communitygarden.org/learn/resources/publications.php

Nordahl, Darrin. 2009. *Public Produce: The New Urban Agriculture*. Washington, DC: Island Press.

Pirog, Rich, and Andrew Benjamin. 2003. Checking the food odometer: Comparing food miles for local versus conventional produce sales to Iowa institutions. Leopold Center for Sustainable Agriculture, Ames, IA.

Steel, Carolyn. 2009. *Hungry City: How Food Shapes Our Lives*. London: Vintage Books.

Gary Comer Youth Center Roof Garden

Flood, Ann. 2009. Visiting the Gary Comer Youth Center's rooftop garden. The Local Beet, Chicago edition, July 22. http://www.thelocalbeet.com/2009/07/22/visiting-the-gary-comer-youth-center's-rooftop-garden/

Gorgolewski, Mark, June Komisar, and Joe Nasr. 2011. *Carrot City: Creating Places for Urban Agriculture*. New York: Monacelli Press.

Hockenberry, John. 2006. Miracle on 72nd Street. *Metropolis* magazine, December. http://www.metropolismag.com/December-2006/Miracle-on-72nd-Street/

Killory, Christine. 2008. *Detail in Process*. New York: Princeton Architectural Press.

Reinwald, Pete. 2010. Comer Youth Center project is a garden in the desert. *Chicago Tribune*, August 11.

Ronan, John. 2010. *Explorations: The Architecture of John Ronan*. New York: Princeton Architectural Press.

Beacon Food Forest

Beacon Food Forest Permaculture Project. http://beaconfoodforest.org

Mellinger, Robert. 2012. Nation's largest public food forest takes root on Beacon Hill. Crosscut, February 16. http://crosscut.com/2012/02/16/agriculture/21892/Nations-largest-public-Food-Forest-takes-root-on-B/

Thompson, Claire. 2012. Into the woods: Seattle plants a public food forest. Grist, February 28. http://grist.org/urban-agriculture/into-the-woods-seattle-plants-a-public-food-forest/

Valdes, Manuel. 2012. Construction will start in June on Jefferson Park "food forest." Seattle Daily Journal of Commerce, March 8. https://www.djc.com/news/en/12038680.html

Public Farm 1

Andraos, Amale, and Dan Wood, eds. 2010. *Above the Pavement—the Farm! Architecture and Agriculture at PF1*. New York: Princeton Architectural Press.

Gorgolewski, Mark, June Komisar, and Joe Nasr. 2011. *Carrot City: Creating Places for Urban Agriculture*, pp. 104–09. New York: Monacelli Press.

Tilder, Lisa. 2010. *Design Ecologies: Essays on the Nature of Design*. New York: Princeton Architectural Press.

致谢

我诚挚地感谢在本人撰写此书过程中众人给我的诸多帮助。没有他们，就没有可撰写的项目素材，没有图片要展示，也没有如此优美的文稿，当然，也更不可能完成这本书了。

本书展示的25个项目凝聚了许多设计师、艺术家、工程师和客户的惊人的创造力、精湛的技术和奉献精神。我无法一一写下他们的名字，但是非常感谢他们的愿景，我还非常感谢提供项目图片并与我一起讨论的设计公司和摄影师们。你们在改变行业，谢谢你们。

我的同事对我的帮助贯穿始终，从阅读项目建议、评价案例研究到检查文字。我特别感谢James Harper对书稿的反复审阅，Matt Potteiger对城市农业部分提出的见解，Kenny Helphand和Liska Chan提出的案例研究建议，Beth Meyer帮助我联系到Juree Sondker。Amanda Ingmire和Sophia Duluk是城市农业和植物型建筑这两章的研究助理；这些章节难度更大、内容更丰富。Andrew Louw是风景园林研究基金关于皇后广场景观基础案例的研究助理，该项目的很多细节都来自他的实地调查。Leah Erickson完成了大部分项目的图片收集和获得图片版权的工作，使得本书具有更大的信息量且更加吸引人。

Timber出版社很高兴与本书稿开展合作。Andrew Beckman阅读了文稿，他的反馈意见有助于本书进一步完善。Lorraine Anderson理清了我的一些思路，并梳理了文本的脉络。Juree Sondker界定了本书的领域和视野，并鼓励我并在必要时帮我改进文稿。谢谢你们。

图片索引

Andropogon Associates, pages 84–91

Iwan Baan, page 126

Brett Boardman, pages 62, 68, 74

Braudo-Maoz, frontispiece, pages 76–83

Breul-Delmar, pages 92–99

Bureau B+B, pages 188, 191, 192

Buro Sant en Co, pages 140–147

Coll-LeClerc, pages 134, 135, 137, 138 bottom

Thomas Digger, pages 226, 232 top

Diller Scofidio + Renfro, pages 124, 127

Wendi Dunlap, page 222

European Environment Agency, pages 114, 116–120

Elizabeth Felicella, pages 8, 204, 234, 237, 240

Tom Fox, pages 180, 184, 187

Margarett Harrison, page 223

Jose Hevia, pages 108, 130, 132, 136, 138 top

Hoerr Schaudt, pages 214, 216

Anton James, page 72

JMD Design, pages 70, 71, 73

Valerie Joncherey, page 162

Andrew Louw, pages 36, 39, 42

MADE Associates, pages 20, 22 24–27

Igor Marko and Peter Fink, pages 102, 103, 106, 107

Chris McAleese, pages 12, 100, 104

Michael Van Valkenberg Associates, pages 166, 170

Nomadisch Grün, pages 228, 230, 232 bottom, 233

Observatorium, pages 172, 174–178

OKRA landscape architects, pages 242, 244–249

RO+AD, pages 28, 30, 32–35

Schønherr, pages 156, 194, 197, 199, 200, 202

Sharp & Diamond, pages 148–155

Scott Shigley, pages 210, 213, 215

Kristen Shuyler, pages 220, 221

SWA Group, pages 182, 185

William Tatham, pages 183 bottom

University of Buffalo, Douglas Levere, photographer, pages 15, 44, 46, 48, 49, 50, 51

University of Houston and SWA Group, pages 52, 54–60

Wallace Roberts & Todd, page 38

Marcus Woolen, page 41

WORK AC, pages 236, 238, 239, 241

Jeff Wright, pages 218, 224

Gabriel Wulff and Natalia Hosie, page 229

All other photos are by Roxi Thoren.

索引

Illustrations are indexed according to the page number of the caption.

O

P

Q

R

译后记

本书是近年来美国出版的反映风景园林行业设计领域最新发展趋势的力作。其鲜明的特色在于聚焦于再造场所的创新设计，对于以下5个热点领域进行了精彩的论述，即基础设施、后工业景观、植物型建筑、生态城市主义和可食景观。为此，作者罗茜·托伦针对性地选择了欧美和中东地区的12个国家的、有代表性的佳作25个。她对作品的分析透彻，展示的图片信息准确。作者认为这些作品实际上已经成为不可磨灭的社会印记，因为这些作品顺应了时代变化，将旧有基础设施、工业遗址、建筑等景观化，加强了城市与自然、与农业的联系，并融入当地的物质、材料、生态、文化进程，使城市发生了变化。本书还强调了风景园林在处理社会、生态问题中所起的重要作用，其中分析的设计作品均建立在对场地充分理解的基础上，使用创新的设计手法对场地进行改造，充分体现场地特征，适应了社会、经济、气候条件以及价值观念等外部因素的变化，拓展了风景园林的意涵。本书对风景园林设计新理念进行了总结，涉及的重要内容包括对于低端回收材料和高端技术元素的巧妙使用，多专业的协调，社区参与和自筹资金，以及反映在设计过程和设计模式方面新的设计语言等。

本人在带领张司晗和刘健鹏两位研究生翻译的过程中，受益匪浅，深信这是一部前瞻性的、启发性的著作，可以作为我国风景园林专业的师生和从业人员以及建筑学和城乡规划学专业的师生和从业人员重要参考书之一。

需要说明的是，书中Vegetated architecture是指建筑或构筑物的屋顶或墙体布置有植物，我们认为翻译为植物型建筑为妥。尽管我们翻译小组已尽力而为，但是译稿难免会有疏漏和不妥之处，欢迎各位读者提出宝贵意见，以便再版时加以改进。

刘晓明博士，北京林业大学园林学院教授

博士生导师（风景园林一级学科）

住建部风景园林专家委员会成员

中国风景园林学会（CHSLA）副秘书长

国际风景园林师联合会（IFLA）中国代表